高等职业教育"十三五"公共基础课规划教材

应用数学基础

上 册

主　编　冉庆鹏　李琼琳

副主编　王安平　陈　帆　范臣君

参　编　都俊杰　秦　川　赵　伟

U0311033

机械工业出版社

本教材是在充分调研了高职高专院校培养应用型技术人才的教育现状,认真研究了高职高专各专业对高等数学教学内容的需求后编写的.本教材在选材和叙述上尽量联系实际,注重数学思想的介绍,力求用通俗的语言及直观形象的方式引出数学概念,在叙述中尽量采用几何解释、数表、实例等形式,避免理论推导,以便于读者对概念、方法的理解.在例题和习题的配置上,注重贴近实际,尽量做到兼具启发性和应用性.

本教材可作为高职高专工科类、经济类各专业的高等数学通用教材,也可供相关人员参考.

为了方便教学,本教材配备电子课件等教学资源。凡选用本教材的教师均可登录机械工业出版社教育服务网 www.cmpedu.com 下载,或发送电子邮件至 cmpgaozhi@sina.com 索取。咨询电话:010-88379375。

图书在版编目(CIP)数据

应用数学基础. 上册 / 冉庆鹏,李琼琳主编. —北京:机械工业出版社,2018.8
高等职业教育"十三五"公共基础课规划教材
ISBN 978-7-111-60446-4

Ⅰ.①应⋯　Ⅱ.①冉⋯ ②李⋯　Ⅲ.①应用数学-高等职业教育-教材　Ⅳ.①O29

中国版本图书馆 CIP 数据核字(2018)第 192430 号

机械工业出版社(北京市百万庄大街22号　邮政编码100037)
策划编辑:王玉鑫　　　责任编辑:王玉鑫 李 乐
责任校对:王 延　　　封面设计:张 静
责任印制:常天培
北京铭成印刷有限公司印刷
2018 年 9 月第 1 版·第 1 次印刷
184mm×260mm·10 印张·246 千字
0 001—3 000 册
标准书号:ISBN 978-7-111-60446-4
定价:26.00 元

前　言

根据教育部制定的《三年制高等职业教育教学大纲和教学基本要求》，在总结多年教学改革经验的基础上，结合高职高专院校工科类、经济类各专业的特点，以培养学生创新意识和实践能力为目标，"以应用为目的，以必需够用为度"，并兼顾学科体系的特点，编写了本教材.

本套教材分上、下两册，其中上册共6章，依次为第1章函数、第2章极限与连续、第3章导数与微分、第4章导数的应用、第5章不定积分、第6章定积分及其应用. 为了便于读者进行阶段复习，每章末安排有复习题.

本教材是在使用了多年的讲义的基础上修改而成的，在选材和叙述上尽量联系实际，注重数学思想的介绍，力求用通俗的语言及直观形象的方式引出数学概念，在叙述中尽量采用几何解释、数表、实例等形式，避免理论推导，以便于读者对概念、方法的理解. 在例题和习题的配置上，注重贴近实际，尽量做到兼具启发性和应用性.

本套教材上册内容由长江大学工程技术学院冉庆鹏老师全面负责筹划、撰写. 编写完成后，长江大学工程技术学院基础教学部数学教研室全体数学教师对本书进行了审阅，并提出了许多宝贵的修改意见，在此表示衷心的感谢！

本教材在编写过程中，借鉴和吸收了其他同行的研究成果，在此一并表示衷心感谢！

由于时间仓促，加之作者水平有限，教材中不妥之处在所难免，恳请广大专家、教师和读者提出宝贵意见，以便修订和完善.

编　者

目　　录

前言

第1章　函数 ························ 1

1.1　函数 ···························· 1

  1.1.1　集合与区间 ·············· 1

  1.1.2　函数的概念 ·············· 2

  1.1.3　函数的简单性态 ·········· 4

  1.1.4　反函数 ·················· 6

  习题1.1 ····················· 6

1.2　初等函数 ···················· 7

  1.2.1　基本初等函数 ············ 7

  1.2.2　复合函数 ··············· 10

  1.2.3　初等函数 ··············· 10

  习题1.2 ···················· 11

1.3　常见的经济函数 ·············· 11

  1.3.1　需求函数与供给函数 ······ 11

  1.3.2　成本、收入、利润函数 ····· 12

  1.3.3　关于利息的函数模型 ······ 13

  习题1.3 ···················· 14

  复习题1 ···················· 14

第2章　极限与连续 ·············· 16

2.1　极限 ························· 16

  2.1.1　问题的提出 ············· 16

  2.1.2　数列的极限 ············· 17

  2.1.3　函数的极限 ············· 19

  习题2.1 ···················· 22

2.2　无穷小量与无穷大量 ·········· 23

2.2.1　无穷小 ················· 23

2.2.2　无穷大 ················· 24

习题2.2 ···················· 25

2.3　极限的运算法则 ·············· 26

  2.3.1　极限的四则运算法则 ······ 26

  2.3.2　复合函数的极限 ·········· 28

  习题2.3 ···················· 29

2.4　两个重要极限与无穷小量的比较 ··· 29

  2.4.1　两个重要极限 ··········· 29

  2.4.2　无穷小的比较 ··········· 32

  习题2.4 ···················· 33

2.5　函数的连续性 ················ 33

  2.5.1　函数的连续性简介 ········ 33

  2.5.2　初等函数的连续性 ········ 35

  2.5.3　闭区间上连续函数的性质 ··· 36

  习题2.5 ···················· 37

  复习题2 ···················· 38

第3章　导数与微分 ·············· 40

3.1　导数的概念 ·················· 40

  3.1.1　概念的引入 ············· 40

  3.1.2　导数的基本概念 ·········· 41

  3.1.3　利用导数的定义求导数 ····· 43

  3.1.4　导数的几种实际意义 ······ 44

  3.1.5　可导与连续的关系 ········ 45

  习题3.1 ···················· 46

3.2 导数的运算与求导法则 ………… 46
  3.2.1 函数的和、差、积、商的求
      导法则 ………… 46
  3.2.2 反函数的导数 ………… 48
  3.2.3 复合函数的求导法则 ……… 48
  习题 3.2 ………… 50

3.3 高阶导数 ………… 51
  3.3.1 高阶导数的概念 ………… 51
  3.3.2 高阶导数的计算 ………… 51
  习题 3.3 ………… 53

3.4 隐函数的导数、由参数方程确定的
    函数的导数 ………… 53
  3.4.1 隐函数的导数 ………… 53
  3.4.2 对数求导法则 ………… 54
  3.4.3 由参数方程确定的函数
      的导数 ………… 55
  习题 3.4 ………… 56

3.5 函数的微分 ………… 56
  3.5.1 微分的概念 ………… 57
  3.5.2 微分的几何意义 ………… 58
  3.5.3 微分的运算法则 ………… 59
  3.5.4 微分在近似计算中的应用 … 60
  习题 3.5 ………… 62
  复习题 3 ………… 62

第4章 导数的应用 ………… 65
4.1 微分中值定理 ………… 65
  4.1.1 罗尔（Rolle）定理 ……… 65
  4.1.2 拉格朗日（Lagrange）中值
      定理 ………… 65
  4.1.3 柯西（Cauchy）中值定理 … 67
  习题 4.1 ………… 67

4.2 洛必达（L'Hospital）法则 ……… 68

4.2.1 $\dfrac{0}{0}$ 型不定式的洛必达法则 … 68
4.2.2 $\dfrac{\infty}{\infty}$ 型不定式的洛必达法则 … 69
4.2.3 其他类型的不定式 ………… 71
习题 4.2 ………… 73

4.3 函数的单调性与极值 ………… 73
  4.3.1 函数的单调性 ………… 73
  4.3.2 函数的极值 ………… 75
  4.3.3 函数的最值 ………… 77
  4.3.4 经济学中的应用 ………… 79
  习题 4.3 ………… 80

4.4 曲线的凹凸性与拐点 ………… 81
  4.4.1 曲线的凹凸性 ………… 81
  4.4.2 曲线的拐点 ………… 82
  习题 4.4 ………… 84

4.5 函数图形的描绘 ………… 84
  4.5.1 曲线的渐近线 ………… 84
  4.5.2 函数图形的描绘 ………… 86
  习题 4.5 ………… 88

4.6 导数在经济学中的应用 ………… 88
  4.6.1 边际与边际分析 ………… 88
  4.6.2 弹性与弹性分析 ………… 90
  习题 4.6 ………… 93
  复习题 4 ………… 94

第5章 不定积分 ………… 96
5.1 不定积分的概念与性质 ………… 96
  5.1.1 原函数与不定积分的
      概念 ………… 96
  5.1.2 不定积分的几何意义 ……… 97
  5.1.3 不定积分的基本公式 ……… 98
  5.1.4 不定积分的性质 ………… 99
  5.1.5 直接积分法 ………… 99

习题 5.1 ·············· 100

5.2 不定积分的换元积分法 ·········· 101

    5.2.1 第一换元积分法（凑微分

        方法）·········· 101

    5.2.2 第二换元积分法 ·········· 104

    习题 5.2 ·············· 106

5.3 分部积分法 ·············· 106

    习题 5.3 ·············· 108

    复习题 5 ·············· 108

第 6 章 定积分及其应用 ·········· 110

6.1 定积分的概念与性质 ·········· 110

    6.1.1 引例 ·············· 110

    6.1.2 定积分的定义 ·········· 112

    6.1.3 定积分的几何意义 ······ 113

    6.1.4 定积分的性质 ·········· 115

    习题 6.1 ·············· 117

6.2 微积分基本公式 ·········· 118

    6.2.1 变上限的积分函数及其

        导数 ·········· 118

    6.2.2 牛顿 – 莱布尼茨公式 ······ 120

    习题 6.2 ·············· 122

6.3 定积分的计算 ·········· 122

    6.3.1 定积分的换元积分法 ······ 123

    6.3.2 定积分的分部积分法 ······ 125

    习题 6.3 ·············· 126

6.4 广义积分 ·············· 126

    6.4.1 无穷区间的广义积分 ······ 126

    6.4.2 无界函数的广义积分

        （瑕积分）·········· 128

    习题 6.4 ·············· 130

6.5 定积分的应用 ·········· 130

    6.5.1 定积分的微元法 ·········· 130

    6.5.2 定积分的几何应用 ········ 131

    6.5.3 定积分的物理应用 ········ 134

    6.5.4 定积分在经济学中的

        应用 ·············· 136

    习题 6.5 ·············· 137

    复习题 6 ·············· 137

习题参考答案 ·············· 140

参考文献 ·············· 152

第1章 函 数

在自然现象、工程技术和经济活动中，往往同时遇到几个变量，这些变量不是孤立的，而是遵循一定规律相互依赖的. 函数关系是变量之间最基本的一种依赖关系. 本章将在回顾中学数学关于函数知识的基础上，进一步讨论集合、函数的概念、性质、复合等问题.

1.1 函数

1.1.1 集合与区间

1. 集合的概念

我们在初等数学中学过集合的概念. 我们把具有某种特定性质的事物的全体称为**集合**（简称**集**）；组成这个集合的事物称为**元素**. 我们常用大写字母 A，B，C，…表示集合，用小写字母 a，b，c，…表示集合中的元素. 如果 a 是集 A 的元素，则称 a 属于 A，记作 $a \in A$；反之就称 a 不属于 A，记作 $a \notin A$. 集合中的元素具有**确定性、互异性、无序性**. 如果集 A 的元素只有有限个，则称 A 为**有限集**；不含任何元素的集称为空集，记作 $\varnothing$；一个非空集，如果不是有限集，就称为无限集.

可以用列举集合中元素的办法来表示集合，如由元素 a，b，c 构成的集合可表示为 $\{a, b, c\}$. 也可以用描述集合中元素的特征性质来表示集合. 如集合 $\{0, 1, 2, 3\}$ 可以表示为 $\{n \mid n$ 是整数，$0 \leqslant n \leqslant 3\}$. 数学中常见的一些集合及其记号如下：

全体自然数组成的集合 $\{0, 1, 2, 3, \cdots\}$ 称为**自然数集**，记作 $\mathbf{N}$；

全体整数组成的集合 $\{0, \pm 1, \pm 2, \pm 3, \cdots\}$ 称为**整数集**，记作 $\mathbf{Z}$；

全体有理数组成的集合 $\{p/q \mid p \in \mathbf{Z}, q \in \mathbf{N}$，且 $q \neq 0\}$ 称为**有理数集**，记作 $\mathbf{Q}$；

全体实数组成的集合称为**实数集**，记作 $\mathbf{R}$. 本书研究的范围为实数.

如果集 A 中的元素都是集 B 中的元素，则称 A 是 B 的**子集**，记作 $B \supset A$ 或 $A \subset B$，读作 B **包含** A 或 A **包含于** B. 如果集 A 与集 B 中的元素相同，即 $A \supset B$ 且 $B \supset A$，则称 A 与 B **相等**，记作 $A = B$.

2. 区间与邻域

设 a，$b \in \mathbf{R}$，且 $a < b$，我们把集合 $\{x \mid a < x < b\}$ 称为以 a，b 为端点的**开区间**，记作 (a, b)，即

$$(a, b) = \{x \mid a < x < b\},$$

把集合 $\{x \mid a \leqslant x \leqslant b\}$ 称为以 a，b 为端点的**闭区间**，记作 $[a, b]$，即

$$[a, b] = \{x \mid a \leqslant x \leqslant b\}.$$

在图 1-1-1 中，开区间 (a, b) 的端点不包括在内，把端点画成空点；闭区间 $[a, b]$ 的端

点包括在内，把端点画成实点.

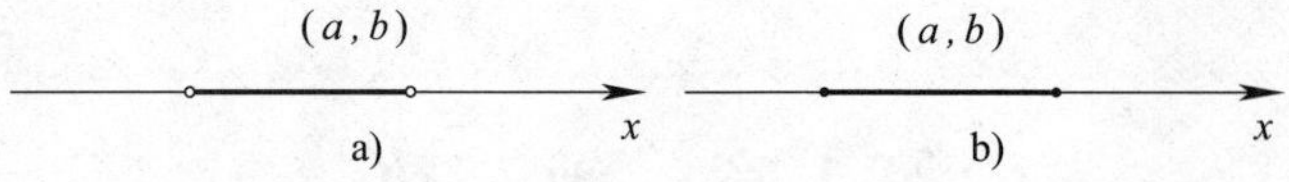

图 1-1-1

类似的有**左开右闭区间**

$$(a, b] = \{x \mid a < x \leq b\},$$

和**左闭右开区间**

$$[a, b) = \{x \mid a \leq x < b\},$$

上述四种区间统称为**有限区间**，此外还有五种无限区间：

$$(-\infty, a) = \{x \mid -\infty < x < a\},$$
$$(-\infty, a] = \{x \mid -\infty < x \leq a\},$$
$$(a, +\infty) = \{x \mid a < x < +\infty\},$$
$$[a, +\infty) = \{x \mid a \leq x < +\infty\},$$
$$(-\infty, +\infty) = \{x \mid -\infty < x < +\infty\} = \mathbf{R}.$$

这里"$-\infty$"和"$+\infty$"只是一个记号，分别读作**负无穷大**和**正无穷大**.

通常我们用字母 I 来表示某个给定的区间.

设 $a, \delta \in \mathbf{R}$，且 $\delta > 0$，我们把开区间 $(a - \delta, a + \delta)$ 称为以 a 为中心、以 δ 为半径的**邻域**，记作 $U(a, \delta)$，即

$$U(a, \delta) = (a - \delta, a + \delta)$$
$$= \{x \mid \mid x - a \mid < \delta\}.$$

称集合 $(a - \delta, a) \cup (a, a + \delta)$ 为以 a 为中心、以 δ 为半径的**去心邻域**，记作 $\mathring{U}(a, \delta)$，即

$$\mathring{U}(a, \delta) = (a - \delta, a) \cup (a, a + \delta)$$
$$= \{x \mid 0 < \mid x - a \mid < \delta\}.$$

这里邻域的半径 δ 虽然没有规定其大小，但在使用中一般总是取为很小的正数. 有些情况下不一定要指明 δ 的大小，这时我们往往把 a 的邻域和 a 的去心邻域分别简化为 $U(a)$ 和 $\mathring{U}(a)$.

1.1.2 函数的概念

定义 1 设 x, y 是两个变量，D 是一个给定的数集，若对于 D 中每一个 x，按照一定的对应法则 f，总有唯一确定的 y 与之对应，则称 y 是 x 的函数，记作 $y = f(x)$. 数集 D 称为这个函数的**定义域**，数集 $M = \{y \mid y = f(x), x \in D\}$ 称为函数的**值域**. x 称为**自变量**，y 称为**因变量**.

注意：(1) 确定了定义域和对应法则，一个函数也就随之确定，所以函数的定义域和对应法则是确定函数的**两个要素**.

(2) 在高等数学的范围内，我们研究的函数是单值函数.

称平面点集 $\{(x, y) \mid y = f(x), x \in D\}$ 为函数 $y = f(x)$ 的**图像**.

函数的表示法有解析法、图像法、列表法，用得最多的是解析法.

例 1 求下列函数的定义域.

$(1)f(x) = \sqrt{4 - x^2} + \dfrac{1}{x - 1}$; $\qquad (2)f(x) = \lg(1 - x) + \sqrt{x + 2}$.

解 （1）要使函数有意义，必须

$$4 - x^2 \geqslant 0 \text{ 且 } x - 1 \neq 0,$$

解得定义域为 $D = [-2, 1) \cup (1, 2]$；

（2）要使函数有意义，必须

$$1 - x > 0 \text{ 且 } x + 2 \geqslant 0,$$

解得定义域为 $D = [-2, 1)$.

注：函数的定义域是集合，故应写成集合或区间的形式.

例 2 函数 $f(x) = x$ 与函数 $g(x) = \sqrt{x^2}$ 是否相同？为什么？

解 $g(x) = \sqrt{x^2} = |x|$ 与 $f(x) = x$ 的定义域相同，但对应法则不同，故不是同一个函数.

例 3 设 $f(x + 3) = \dfrac{x + 1}{x + 2}$，求 $f(x)$.

解 由

$$f(x + 3) = \frac{x + 1}{x + 2} = \frac{(x + 3) - 2}{(x + 3) - 1}$$

可得

$$f(x) = \frac{x - 2}{x - 1}.$$

注：也可用换元法解，令 $x + 3 = t$，得 $x = t - 3$，代入原式即可.

几种特殊的函数：

(1)分段函数. 在实际应用上有些函数要用几个式子表示，这种在自变量的不同变化范围内，对应法则用不同式子来表示的函数，通常称为分段函数.

例如：

$$y = f(x) = \begin{cases} 1 - x, & -1 \leqslant x < 0, \\ 1 + x, & x \geqslant 0 \end{cases}$$

是一个分段函数. 它的定义域为

$$D = [-1, 0) \cup [0, +\infty) = [-1, +\infty),$$

当 $x \in [-1, 0)$ 时，对应的函数值 $f(x) = 1 - x$；

当 $x \in [0, +\infty)$ 时，对应的函数值 $f(x) = 1 + x$. 函数的图像如图 1-1-2 所示.

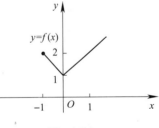

图 1-1-2

例 4 设函数 $f(x) = \begin{cases} \dfrac{1}{2}x, & 0 \leqslant x < 1, \\ x, & 1 \leqslant x < 2, \\ x^2 - 6x + \dfrac{19}{2}, & 2 \leqslant x < 4, \end{cases}$ 求 $f\left(\dfrac{1}{2}\right)$, $f(1)$ 及 $f(3)$.

解

$$f\left(\frac{1}{2}\right) = \frac{1}{2} \cdot \frac{1}{2} = \frac{1}{4}; \qquad f(1) = 1;$$

$$f(3) = 3^2 - 6 \cdot 3 + \frac{19}{2} = \frac{1}{2}.$$

(2)符号函数.

$$y = \operatorname{sgn} x = \begin{cases} 1, & x > 0, \\ 0, & x = 0, \\ -1, & x < 0, \end{cases}$$

它的定义域 $D = (-\infty, +\infty)$，值域 $M = \{-1, 0, 1\}$.
函数的图像如图 1-1-3 所示.

（3）取整函数 $y = [x]$，$[x]$ 表示不超过 x 的最大整数. 定义域 $D = (-\infty, +\infty)$，值域 $W = \mathbf{Z}$. 例如 $[2.9] = 2$，$[0] = 0$，$[2] = 2$，$[-2.9] = -3$，$[-1.3] = -2$. 函数的图像如图 1-1-4 所示.

（4）绝对值函数.

$$y = |x| = \begin{cases} x, & x \geqslant 0, \\ -x, & x < 0 \end{cases}$$

的定义域 $D = (-\infty, +\infty)$，值域 $W = [0, +\infty)$. 函数的图像如图1-1-5所示.

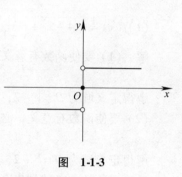

图　1-1-3

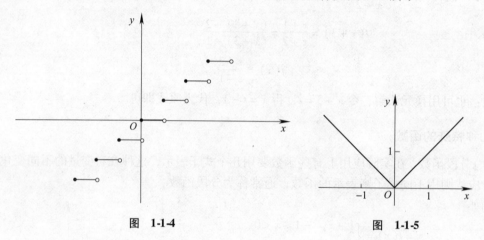

图　1-1-4

图　1-1-5

1.1.3　函数的简单性态

1. 单调性

设函数 $f(x)$ 在区间 (a, b) 内有定义，如果对于区间 (a, b) 内的任意两点 x_1 及 x_2，当 $x_1 < x_2$ 时，总有 $f(x_1) < f(x_2)$，则称函数 $f(x)$ 在区间 (a, b) 内**单调增加**；当 $x_1 < x_2$ 时，总有 $f(x_1) > f(x_2)$，则称函数 $f(x)$ 在区间 (a, b) 内**单调减少**. 区间 (a, b) 称为函数的 $f(x)$ **单调区间**.

例 5　证明：函数 $y = x + \ln x$ 在区间 $(0, +\infty)$ 内单调增加.

证明　任取 $x_x, x_2 \in (0, +\infty)$，不妨设 $x_1 < x_2$，由于 $0 < x_1 < x_2$，故

$$\frac{x_2}{x_1} > 1, \quad \ln \frac{x_2}{x_1} > 0,$$

所以

$$f(x_2) - f(x_1) = (x_2 + \ln x_2) - (x_1 + \ln x_1)$$

$$= (x_2 - x_1) + \ln \frac{x_2}{x_1} > 0,$$

即 $f(x_1) < f(x_2)$，因此函数 $y = x + \ln x$ 在区间 $(0, +\infty)$ 内单调增加.

2. 奇偶性

设函数 $y = f(x)$ 的定义域 D 关于原点对称，如果对于任意 $x \in D$，有 $f(-x) = f(x)$，则称函数 $f(x)$ 是 D 上的**偶函数**，如图 1-1-6a 所示；如果对于任意 $x \in D$，有 $f(-x) = -f(x)$，则称函数 $f(x)$ 是 D 上的**奇函数**，如图 1-1-6b 所示．

偶函数的图形关于 y 轴对称；奇函数的图形关于原点对称．

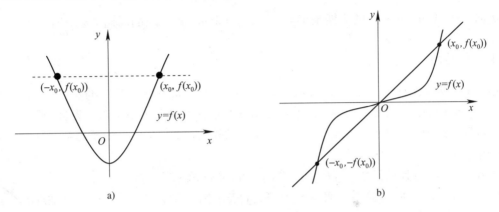

图 1-1-6

a) 偶函数　b) 奇函数

例 6　判断函数 $f(x) = \ln \dfrac{1-x}{1+x}$ 奇偶性．

解　显然，函数的定义域为 $(-1, 1)$，对于任意的 $x \in (-1, 1)$，因为

$$f(-x) = \ln \frac{1-(-x)}{1+(-x)} = \ln \frac{1+x}{1-x}$$

$$= -\ln \frac{1-x}{1+x} = -f(x),$$

所以 $f(x) = \ln \dfrac{1-x}{1+x}$ 为奇函数．

3. 有界性

设函数 $f(x)$ 在区间 I 上有定义，若存在常数 M，使得对于任意 $x \in I$，都有

$$f(x) \leqslant M (f(x) \geqslant M)$$

成立，则称 $f(x)$ 在区间 I 上有**上(下)界**，其中常数 M 称为 $f(x)$ 在区间 I 上的一个上(下)界；若存在常数 $M(>0)$，使得对于任意 $x \in I$，都有

$$|f(x)| \leqslant M$$

成立，则称 $f(x)$ 在区间 I 上**有界**，其中常数 M 称为 $f(x)$ 在区间 I 上的一个**界**；否则称 $f(x)$ 在区间 I 上**无界**．

例如，函数 $y = \sin x$ 是有界函数．因为在其定义域 $(-\infty, +\infty)$ 内，都有 $|\sin x| \leqslant 1$，同时也是有上界和下界的；而函数 $y = x^2 + 1$ 在其定义域 $(-\infty, +\infty)$ 内有下界 1，但无上界，所以是无界函数．

又如，函数 $y = \dfrac{1}{x}$ 在区间 $(\delta, 1)(0 < \delta < 1)$ 上有界，而在区间 $(0, 1)$ 上无界．

定理　$f(x)$ 在区间 I 上有界当且仅当 $f(x)$ 在区间 I 上既有上界也有下界．

4. 周期性

设函数 $y = f(x)$ 在数集 D 上有定义，若存在一正数 T，使对于任何 $x \in D$，$x + T \in D$，都有

$$f(x + T) = f(x)，$$

则称函数 $y = f(x)$ 是**周期函数**，T 称为**周期**. 若周期函数存在最小正周期，则称此最小正周期为**基本周期**，简称周期.

例如，$y = A\sin(\omega x + \varphi)$ 的周期是 $T = \dfrac{2\pi}{|\omega|}$，$y = A\tan(\omega x + \varphi)$ 的周期 $T = \dfrac{\pi}{|\omega|}$.

1.1.4 反函数

定义 2 设函数 $y = f(x)$，其定义域为 D，值域为 M. 如果对于 M 中的每一个 y，都可以从关系式 $y = f(x)$ 中确定唯一的 $x(x \in D)$ 与之对应，这样就确定了一个以 y 为自变量，x 为因变量的函数，记为 $x = \varphi(y)$ 或 $x = f^{-1}(y)$，这个函数称为函数 $y = f(x)$ 的**反函数**，其定义域为 M，值域为 D.

函数 $y = f(x)$ 与其反函数 $x = f^{-1}(y)$ 在同一坐标系下的图像是同一条曲线. 我们习惯用 x 表示自变量，y 表示因变量，因此函数 $y = f(x)$ 的反函数表示为 $y = f^{-1}(x)$. 在同一坐标系下，函数 $y = f(x)$ 的图像与其反函数 $y = f^{-1}(x)$ 的图像关于直线 $y = x$ 对称，如图 1-1-7 所示.

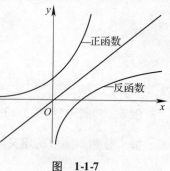

图 1-1-7

求反函数的一般步骤是：从 $y = f(x)$ 中解出 x，得到 $x = f^{-1}(y)$，再将 x，y 互换，则 $y = f^{-1}(x)$ 就是 $y = f(x)$ 的反函数.

例 7 求 $y = \sqrt{1 - x^2}$，$x \in [-1, 0]$ 的反函数.

解 由 $y = \sqrt{1 - x^2}$ 解得

$$x = \pm\sqrt{1 - y^2}，$$

但当 $x \in [-1, 0]$ 时，$y \in [0, 1]$，所以 $x = -\sqrt{1 - y^2}$，故其反函数为 $y = -\sqrt{1 - x^2}$.

习题 1.1

1. 求下列函数的定义域.

(1) $y = \dfrac{x}{\sqrt{x^2 - 3x + 2}}$；   (2) $y = \dfrac{1}{x} + \sqrt{1 - x^2}$；

(3) $y = -2\sqrt{\arccos x}$；   (4) $y = \sqrt{\dfrac{1 + x}{1 - x}}$.

2. 判断下列各组函数是否相同，并说明理由.

(1) $y = \dfrac{x^2 - 1}{x - 1}$，$y = x + 1$；   (2) $y = \ln\dfrac{x + 1}{x - 1}$，$y = \ln(x + 1) - \ln(x - 1)$；

(3) $y = \sqrt[3]{x^4 - x^3}$，$y = x\sqrt[3]{x - 1}$；   (4) $y = \sqrt{1 - \sin^2 x}$，$y = \cos x$.

3. 试证下列函数在指定区间内的单调性.

(1) $y = \dfrac{x}{1 - x}$，$x \in (-\infty, 1)$；   (2) $y = 2x + \ln x$，$x \in (0, +\infty)$.

4. 判断下列函数的奇偶性.

（1）$y = \tan x - \sin x - 1$；

（2）$y = \dfrac{e^x + e^{-x}}{2}$；

（3）$y = 5x^6 - 2x^2 + 3$；

（4）$f(x) = x^2 \sin \dfrac{1}{x}$；

（5）$f(x) = \dfrac{2^x - 1}{2^x + 1}$；

（6）$f(x) = \ln(x + \sqrt{x^2 + 1})$.

5. 求下列函数的反函数.

（1）$y = \dfrac{1 - x}{1 + x}$；

（2）$y = \dfrac{2^x}{2^x + 1}$.

1.2 初等函数

1.2.1 基本初等函数

1. 幂函数 $y = x^\mu$（μ 为实数）. 定义域与值域随 μ 的不同而不同，但不论 μ 取什么值，函数在 $(0, +\infty)$ 内总有定义，如图 1-2-1 所示.

2. 指数函数 $y = a^x$（$a > 0$，$a \neq 1$）. 定义域为 $(-\infty, +\infty)$，值域为 $(0, +\infty)$. 若 $a > 1$，则 $y = a^x$ 单调增加；若 $0 < a < 1$，则 $y = a^x$ 单调减少，如图 1-2-2 所示.

3. 对数函数 $y = \log_a x$（$a > 0$，$a \neq 1$）. 定义域为 $(0, +\infty)$，值域为 $(-\infty, +\infty)$. 若 $a > 1$，则 $y = \log_a x$ 单调增加；若 $0 < a < 1$，则 $y = \log_a x$ 单调减少，如图 1-2-3 所示.

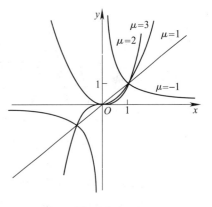

图 1-2-1

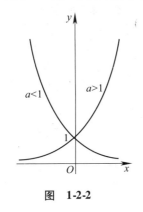

图 1-2-2

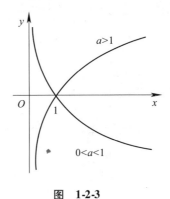

图 1-2-3

4. 三角函数

（1）**正弦函数** $y = \sin x$. 定义域为 $(-\infty, +\infty)$，值域为 $[-1, 1]$. $y = \sin x$ 是奇函数；是周期函数，且周期为 2π；是有界函数；在 $\left(2k\pi - \dfrac{\pi}{2}, 2k\pi + \dfrac{\pi}{2}\right)$（$k \in \mathbf{Z}$）内单调增加，在 $\left(2k\pi + \dfrac{\pi}{2}, 2k\pi + \dfrac{3\pi}{2}\right)$（$k \in \mathbf{Z}$）内单调减少，如图 1-2-4 所示.

（2）**余弦函数** $y = \cos x$. 定义域为 $(-\infty, +\infty)$，值域为 $[-1, 1]$. $y = \cos x$ 是偶函数；是周期函数，且周期为 2π；是有界函数，对于任意的 $x \in (-\infty, +\infty)$，都有 $|\cos x| \leqslant 1$；在 $(2k\pi, 2k\pi + \pi)(k \in \mathbf{Z})$ 内单调减少，在 $(2k\pi + \pi, 2k\pi + 2\pi)(k \in \mathbf{Z})$ 内单调增加，如图 1-2-4 所示.

（3）**正切函数** $y = \tan x$. 定义域为 $\left\{ x \mid x \neq k\pi + \dfrac{\pi}{2}, k \in \mathbf{Z} \right\}$，值域为 $(-\infty, +\infty)$. $y = \tan x$ 是奇函数；是周期函数，且周期为 π；在 $\left(k\pi - \dfrac{\pi}{2}, k\pi + \dfrac{\pi}{2} \right)(k \in \mathbf{Z})$ 内单调增加，如图 1-2-5 所示.

（4）**余切函数** $y = \cot x$. 定义域为 $\{ x \mid x \neq k\pi, k \in \mathbf{Z} \}$，值域为 $(-\infty, +\infty)$. $y = \cot x$ 是奇函数；是周期函数，且周期为 π；在 $(k\pi, k\pi + \pi)(k \in \mathbf{Z})$ 内单调减少，如图 1-2-5 所示.

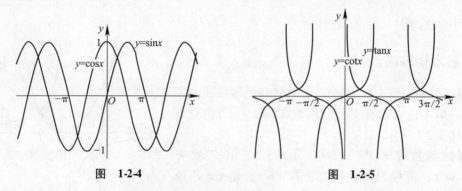

图 1-2-4　　　　　　　　　　　图 1-2-5

（5）**正割函数** $y = \sec x = \dfrac{1}{\cos x}$. 定义域为 $\left\{ x \mid x \neq k\pi + \dfrac{\pi}{2}, k \in \mathbf{Z} \right\}$，值域为 $(-\infty, -1] \cup [1, +\infty)$. $y = \sec x$ 是偶函数；是周期函数，且周期为 2π，如图 1-2-6 所示.

（6）**余割函数** $y = \csc x = \dfrac{1}{\sin x}$. 定义域为 $\{ x \mid x \neq k\pi, k \in \mathbf{Z} \}$，值域为 $(-\infty, -1] \cup [1, +\infty)$. $y = \csc x$ 是奇函数；是周期函数，且周期为 2π，如图 1-2-7 所示.

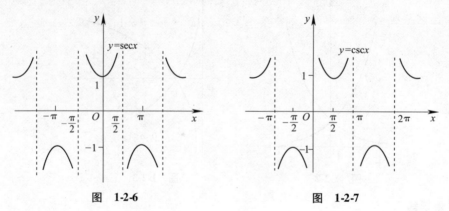

图 1-2-6　　　　　　　　　　　图 1-2-7

5. 反三角函数. 由前面的讨论知正弦函数 $y = \sin x$ 在区间 $\left[-\dfrac{\pi}{2}, \dfrac{\pi}{2} \right]$ 上单调增加，取这一段作反函数. 由于对任意的 $y \in [-1, 1]$，由 $y = \sin x$，存在唯一的 $x \in \left[-\dfrac{\pi}{2}, \dfrac{\pi}{2} \right]$ 与之对应，这样确定的函数记为 $x = \arcsin y$，交换 x，y 的位置后，得**反正弦函数** $y = \arcsin x$，其定义域

为$[-1, 1]$，值域为$\left[-\dfrac{\pi}{2}, \dfrac{\pi}{2}\right]$，其图像与$y = \sin x$在$\left[-\dfrac{\pi}{2}, \dfrac{\pi}{2}\right]$上的图像关于$y = x$对称. 类似地讨论，可得**反余弦函数**$y = \arccos x$，其定义域为$[-1, 1]$，值域是$[0, \pi]$；**反正切函数**$y = \arctan x$，其定义域是$(-\infty, +\infty)$，值域是$\left(-\dfrac{\pi}{2}, \dfrac{\pi}{2}\right)$；**反余切函数**$y = \operatorname{arccot} x$，其定义域是$(-\infty, +\infty)$，值域是$(0, \pi)$. 对反三角函数，要特别注意其定义域与值域.

（1）**反正弦函数**$y = \arcsin x$. 定义域为$[-1, 1]$，值域为$\left[-\dfrac{\pi}{2}, \dfrac{\pi}{2}\right]$. $y = \arcsin x$是奇函数；是有界函数，且$|\arcsin x| \leqslant \dfrac{\pi}{2}$；在定义域内单调增加，如图 1-2-8 所示.

（2）**反余弦函数**$y = \arccos x$. 定义域为$[-1, 1]$，值域为$[0, \pi]$. $y = \arccos x$是有界函数，且$|\arccos x| \leqslant \pi$；在定义域内单调减少，如图 1-2-9 所示.

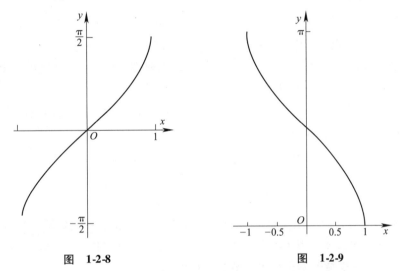

图　1-2-8　　　　　　　　　　图　1-2-9

（3）**反正切函数**$y = \arctan x$. 定义域为$(-\infty, +\infty)$，值域为$\left(-\dfrac{\pi}{2}, \dfrac{\pi}{2}\right)$. $y = \arctan x$是奇函数；是有界函数，且$|\arctan x| < \dfrac{\pi}{2}$；在定义域内单调增加，如图 1-2-10 所示.

（4）**反余切函数**$y = \operatorname{arccot} x$. 定义域为$(-\infty, +\infty)$，值域为$(0, \pi)$. $y = \operatorname{arccot} x$是有界函数，且$|\operatorname{arccot} x| < \pi$；在定义域内单调减少，如图 1-2-11 所示.

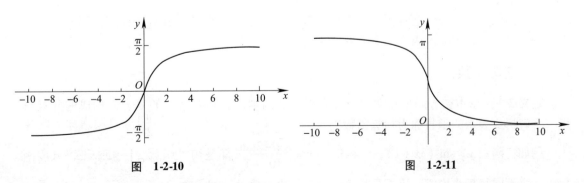

图　1-2-10　　　　　　　　　　图　1-2-11

以上五类函数统称为**基本初等函数**.

例 1 求下列函数的值.

（1）$\arcsin(-1)$； （2）$\arccos\left(\dfrac{1}{2}\right)$；

（3）$\arctan\left(-\dfrac{\sqrt{3}}{3}\right)$； （4）$\arcsin\left(-\dfrac{1}{2}\right)+\arccos\left(-\dfrac{1}{2}\right)$.

解 （1）$\arcsin(-1)=-\dfrac{\pi}{2}$； （2）$\arccos\left(\dfrac{1}{2}\right)=\dfrac{\pi}{3}$；

（3）$\arctan\left(-\dfrac{\sqrt{3}}{3}\right)=-\dfrac{\pi}{6}$； （4）$\arcsin\left(-\dfrac{1}{2}\right)+\arccos\left(-\dfrac{1}{2}\right)=-\dfrac{\pi}{6}+\dfrac{2\pi}{3}=\dfrac{\pi}{2}$.

1.2.2 复合函数

定义 1 设函数 $y=f(u)$ 的定义域为 D_1，函数 $u=\varphi(x)$ 的定义域为 D，值域为 M，且 $M\subset D_1$. 若对于 D 内任意一点 x，有确定的值 $u=\varphi(x)$ 与之对应，由于 $u=\varphi(x)\in M\subset D_1$，又有确定的值 y 与之对应，这样就确定了一个新函数，此函数称为由 $y=f(u)$ 与 $u=\varphi(x)$ 构成的**复合函数**，记为 $y=f(\varphi(x))$ 或 $y=(f\circ\varphi)(x)$.

并不是任意两个函数都可以复合的，如 $y=\sqrt{u}$，$u=\sin x-2$ 就不能构成复合函数. 函数的复合可以推广到两个以上函数的情形，如由函数

$$y=\mathrm{e}^{u},\ u=\sin v,\ v=\sqrt{w},\ w=1+x^2$$

构成的复合函数为

$$y=\mathrm{e}^{\sin\sqrt{1+x^2}},\ x\in\mathbf{R}.$$

为了研究和学习的方便，往往要把一个复合函数进行分解. 一般来说，复合函数的分解顺序是由外到内，直至分解为基本初等函数或者基本初等函数的和、差、积、商形式为止.

例 2 指出下列函数是由哪些简单函数复合而成的.

（1）$y=2\sin^2 x-1$； （2）$y=\mathrm{e}^{\tan\frac{1}{x}}$.

解 （1）设 $f(u)=2u^2-1$. 它是通过幂函数的四则运算而得到的多项式函数，又设三角函数 $u=g(x)=\sin x$，则 $y=2\sin^2 x-1=f(g(x))$.

（2）设指数函数 $f(u)=\mathrm{e}^{u}$，三角函数 $u=g(v)=\tan v$ 及幂函数 $v=h(x)=\dfrac{1}{x}$，则 $y=\mathrm{e}^{\tan\frac{1}{x}}=f(g(h(x)))$.

在后面的学习中我们会看到，很多地方都需要将复合函数进行分解来处理，因此复合函数的分解是一个很重要的内容，需要熟练掌握.

1.2.3 初等函数

定义 2 由基本初等函数和常数经过有限次的四则运算和有限次的复合而构成的并且只用一个解析式表示的函数称为**初等函数**.

例如：函数 $y=\sin^2(3x+1)$，$y=\sqrt{x^3}$，$y=\dfrac{\lg x+2\tan x}{10^x-1}$ 都是初等函数. 一般来说，分段函数由几个不同解析式构成，故不是初等函数，但也有例外. 如函数

$$y = \begin{cases} -x, & x < 0, \\ x, & x \geqslant 0, \end{cases}$$

初看起来虽由两个式子表示，但是它也可用一个解析式 $y = |x| = \sqrt{x^2}$ 表示，是一个复合函数，所以它也是初等函数.

习题 1.2

1. 求下列函数的值.

（1）$\arcsin 1$；

（2）$\arccos 0$；

（3）$\arctan(-1)$；

（4）$3\arcsin\dfrac{\sqrt{3}}{2} + \arccos 1 - 3\arctan\sqrt{3}$.

2. 求解下列各题.

（1）设 $f(x) = x^2\ln(1+x)$，求 $f(e^{-x})$；

（2）设 $f(x+1) = x^2 - 3x + 2$，求 $f(x)$.

3. 设 $f(x)$ 的定义域是 $[0, 1]$，求下列函数的定义域.

（1）$f(e^x)$；

（2）$f(\ln x)$.

4. 将 y 表示为 x 的函数.

（1）$y = \sqrt{u}$，$u = 4x + 3$，

（2）$y = \ln u$，$u = \cos v$，$v = x^3 - 1$，

（3）$y = e^u$，$u = v^4$，$v = \tan x$，

（4）$y = \arcsin u$，$u = \sqrt[3]{v}$，$v = \dfrac{x-a}{x-b}$.

5. 下列函数可以看成由哪些函数复合而成？

（1）$y = e^{\sin x}$；　　（2）$y = \sin x^2$；　　（3）$y = \arccos\sqrt{x-1}$；　　（4）$y = \lg(\arccos x^3)$；

（5）$y = (x+2)^7$；　　（6）$y = \dfrac{1}{\sqrt[3]{4-x^2}}$；　　（7）$y = \ln(x^2 + \sqrt{x})$；　　（8）$y = (1 + \arccos x^2)^3$.

6. 某品牌的电吹风每台售价为 90 元，成本为 60 元. 厂方为鼓励销售商大量采购，决定凡是订购量超过 100 台的，每多订购 1 台，售价就降低一分钱，但最低价为每台 75 元.

（1）将每台的实际售价 p 表示为订购量 x 的函数；

（2）将厂方所获的利润 L 表示成订购量 x 的函数；

（3）某一商场订购了 1000 台，厂方可获得多少利润？

1.3　常见的经济函数

1.3.1　需求函数与供给函数

1. 需求函数

影响人们消费的因素多种多样，除了商品的价格因素外，还与人们的年龄层次、收入、偏好、区域、环境等诸多因素有关. 如果不考虑价格以外的其他因素，商品价格越低，消费者购买欲越强；商品价格越高，购买欲越弱.

需求函数：设 p 表示商品的价格，Q 表示需求量，称 $Q = f(p)$ 为需求函数.

常见的需求函数有如下类型。

线性函数：$Q = b - ap$　$a,\ b > 0$；

幂函数：$Q = k^{-a}$　$a,\ k > 0$；

指数函数 $Q = ae^{bp}$　$a,\ b > 0$.

2. 供给函数

需求是对消费者而言的，供给则是对生产者而言的. 商品的市场供给量 Q，除了要满足一定消费群体的需求外，也受到商品价格 p 的制约. 价格上涨将刺激生产者向市场提供更多的商品，使供给量增加；反之，价格下跌将使供给量减少.

供给函数：设 p 表示商品的价格，Q 表示供给量，称 $Q = g(p)$ 为供给函数.

常见的供给函数有如下类型.

线性函数：$Q = ap - b$　$a,\ b > 0$；

幂函数：$Q = kp^a$　$a,\ k > 0$；

指数函数 $Q = ae^{bp}$　$a,\ b > 0$.

均衡价格：当市场上某种商品的需求量与供给量相等时，此时的商品价格 p_0 称为均衡价格.

例 1　一季度鸡蛋的供给量 $Q(\mathrm{kg})$ 与价格 $p(元)$ 的函数模型为 $Q(p) = -3 + 12p$，需求量 $Q(\mathrm{kg})$ 与价格 $p(元)$ 的函数模型为 $Q(p) = -2p + 27$，求一季度鸡蛋的均衡价格 p_0.

解　由供需均衡条件，可得

$$-3 + 12p = -2p + 27.$$

解得 $p = 2.5(元)$，因此一季度鸡蛋的均衡价格 $p_0 = 2.5$ 元.

1.3.2　成本、收入、利润函数

1. 总成本函数

总成本包括固定成本和可变成本两部分. 固定成本与产量和销售量无关，即包括设备的固定费用和其他管理费用，而可变成本是随着产量（或销售量）的不同而发生变化.

总成本函数：设 C_0 为固定成本，q 表示产量（或销售量），则可变成本为 $C_1(q)$，称 $C(q) = C_0 + C_1(q)$ 为总成本函数，简称成本函数.

平均成本函数可表示为 $\overline{C}(q) = \dfrac{C(q)}{q}$.

例 2　棘花食用油加工厂加工菜籽油，日产能力为 60t，固定成本为 6000 元，每加工 1t 食用油成本增加 200 元，求出每日成本与日产量的函数关系，并分别求出当日产量是 30t、40t 时的总成本及平均成本.

解　设每日成本为 C，日产量为 q，则每日的成本与日产量的函数关系为

$$C(q) = 6000 + 200q\,(0 \leqslant q \leqslant 60).$$

当产量 $q = 30\mathrm{t}$ 时，$C(30) = 6000\ 元 + 200 \times 30\ 元 = 12000\ 元$，

平均单位成本　$\overline{C}(30) = \dfrac{C(30)}{30} = 400\ 元$；

当产量 $q = 40\mathrm{t}$ 时，$C(40) = 6000\ 元 + 200 \times 40\ 元 = 14000\ 元$，

平均单位成本　$\overline{C}(40) = \dfrac{C(40)}{40} = 350\ 元$.

所以，在一定范围内，日产量越大，平均单位成本越低.

2. 收益(入)函数

收益函数是描述收入、销售价格和销售量之间关系的表达式，一般有两种表示方法.

收益函数：设 q 表示销售量，P 表示价格，R 表示收益，则收益函数可表示为：

$$R = q \cdot P.$$

当销售量 q 是价格的函数，即 $q = q(P)$ 时，收益函数可表示为

$$R = q(P) \cdot P$$

例 3　LX3 计算机无线鼠标的销售价格为 80 元时，月销售量为 5000 个，销售价格每提高 2 元，月销售量会减少 100 个. 在不考虑降价及其他因素时，求：

(1)这种商品月销售量与价格之间的函数关系；

(2)当价格提高多少元时，这种商品会卖不出去；

(3)月销售量与价格之间的函数关系的定义域.

解　(1)设无线鼠标的价格为 P 元/个，月销售量为 q 个，则

$$q = 5000 - 100\left(\frac{P-80}{2}\right) = 5000 - 50P + 4000 = 9000 - 50P.$$

(2)无线鼠标卖不出去时，则 $q = 0$，即

$$9000 - 50P = 0,$$

解得　$P = 180$ 元.

(3) 月销售量与价格之间的函数关系为：$q = 9000 - 50P$，

定义域 $D = [80, 180]$. 而且，从理论上讲，当价格提高到 180 元时，这种商品就会卖不出去.

3. 利润函数

在经济学中，收益与成本之差称为利润.

利润函数：当产量等于销售量时，利润 L 可以表示为产量 q 的函数，即

$$L(q) = R(q) - C(q)$$

1.3.3　关于利息的函数模型

在金融业务中，常用的两种计息方式：单利和复利.

1. 单利方式

单利是指仅计算本金利息，每一计息期的利息都是固定不变的.

单利方式：设 P_0 为本金，r 是计息期的利率，n 是计息期，则

$$P = P_0 + P_0 rn = P_0(1 + rn).$$

2. 复利方式

复利是指不仅本金计算利息，利息也同样生息.

复利方式：设 P_0 为本金，r 是计息期的利率，n 是计息期，则第 n 个计息期满后的本利和为 $P_n = P_0(1 + r)^n$.

如果每年计息 m 次，则一年后的本利和为 $P_0\left(1 + \dfrac{r}{m}\right)^m$.

例 4 王女士存入银行 20000 元人民币, 年利率为 3.6%, 存期一年. 用复利方法分别计算本利和与利息: (1)年计息一次; (2)半年计息一次; (3)3 个月计息一次.

解 本金 $P_0 = 20000$ 元, $r = 3.6\%$, 计息期 $n = 1$ 年.

(1)若一年计息一次, 则一年的本利和为

$$P_1 = 20000(1 + 3.6\%) \text{元} = 20720 \text{元},$$

利息为 $I = 20720$ 元 $- 20000$ 元 $= 720$ 元;

(2)若半年计息一次, 则每期利率为 $\dfrac{3.6\%}{2}$, 计息期为 2, 则 1 年的本利和为

$$P_2 = 20000\left(1 + \frac{3.6\%}{2}\right)^2 \text{元} = 20726.48 \text{元},$$

利息为 $I = 20726$ 元 $- 20000$ 元 $= 726.48$ 元;

(3)若三个月计息一次, 则每期利率为 $\dfrac{3.6\%}{4}$, 计息期为 4, 则 1 年的本利和为

$$P_4 = 20000\left(1 + \frac{3.6\%}{4}\right)^4 \text{元} = 20729.78 \text{元},$$

利息为 $I = 20729.78$ 元 $- 20000$ 元 $= 727.78$ 元.

因此, 在金融业务允许的情况下, 结算次数越多, 利息发生额越大.

习题 1.3

1. 日日新服装加工厂, 加工服装日产能力 1000 件, 固定成本为 30000 元. 每加工 1 件服装, 成本增加 2 元, 求出每日的成本与日产量的函数关系, 并分别求出当日产量是 600 件、800 件时的总成本及平均单位成本.

2. 当休闲裤的销售价格为 100 元时, 月销售量为 4000 件, 当销售价格每提高 2 元时, 月销售量会减少 50 件. 在不考虑其他因素时,

(1)求休闲裤月销售量与价格之间的函数关系;

(2)当价格提高到多少元时, 休闲裤会卖不出去?

(3)求月销售量与价格之间的函数关系的定义域.

3. 生产卡通表的固定成本为 1000 元, 每件卡通表的可变费用为 12 元, 如果这种表的销售价为 17 元/件, 求:

(1)盈亏转折点的产量;

(2)盈亏转折产量.

4. 当小麦收购价为 3 元/kg 时, 某收购站每月能收购 5×10^6 kg, 若收购价提高 0.1 元/kg, 则收购量可增加 40000 kg, 求小麦的线性供给函数.

5. 自动铅笔的供给函数和需求函数分别为

$$S = -3 + 10P, \quad Q(P) = -2P + 21,$$

求商品的均衡价格 P_0.

复习题 1

1. 用区间表示下列 x 的变化范围, 并判断能否用邻域表示, 能用邻域表示的用邻域

表示.

(1) $2 < x \leqslant 6$；　　　　　　　(2) $|x - 2| < \dfrac{1}{10}$；

(3) $|x| > 100$；　　　　　　　(4) $0 < |x - 1| < 0.01$.

2. 下列 $f(x)$ 和 $g(x)$ 是否相同？为什么？

(1) $f(x) = \lg x^2$，　$g(x) = 2\lg x$；(2) $f(x) = x$，　$g(x) = \sqrt{x^2}$.

3. 设 $\varphi(x) = \begin{cases} 1, & |x| \leqslant \dfrac{\pi}{3} \\ |\sin x|, & |x| > \dfrac{\pi}{3} \end{cases}$，求 $\varphi\left(\dfrac{5\pi}{6}\right)$，$\varphi\left(\dfrac{\pi}{3}\right)$.

4. 设 $f\left(\dfrac{1}{x}\right) = \dfrac{5}{x} + 2x^2$，求 $f(x)$ 及 $f(x^2 + 1)$.

5. 求下列函数的定义域.

(1) $y = \dfrac{1}{x} - \sqrt{1 - x^2}$；　　　　　　(2) $y = \arcsin(x - 3)$；　　　　　　(3) $y = \lg(\lg x)$.

6. 写出下列函数的复合过程.

(1) $y = \sqrt{3x + 2}$；　　　　　　(2) $y = (1 + \lg x)^5$；

(3) $y = e^{\sin^2 x}$；　　　　　　(4) $y = \arccos(1 - x^2)$.

7. 火车站收取行李费的规定如下：当行李不超过 50kg 时，按基本运费计算，如从上海到某地按 0.15 元/kg 收费；当超过 50kg 时，超重部分按 0.25 元/kg 收费. 试求上海到该地的行李费 y(元) 与重量 x(kg) 之间的函数关系式，并画出这个函数的图形.

第 2 章　极限与连续

极限是研究变量的变化趋势的基本工具,高等数学中许多基本概念,如连续、导数、定积分等都是建立在极限的基础上的. 极限方法又是研究函数的一种最基本的方法. 因此,掌握并运用好极限方法是学好微积分的关键. 连续性是函数的一个重要性态. 本章将介绍极限与连续的基本知识和有关的基本方法,为今后的学习打下必要的基础.

2.1　极限

2.1.1　问题的提出

按自然数 1,2,3…编号依次排列的一列数 x_1,x_2,…,x_n,… 称为无穷数列,简称数列,记为 $\{x_n\}$. 其中的每个数称为数列的项,x_n 称为通项(一般项). 可以把数列看作自变量是自然数的特殊函数——整标函数,一般用

$$y_n = f(n),\ n = 1,\ 2,\ 3\cdots$$

表示.

极限概念是在求解某些实际问题时逐渐产生的,下面我们通过几个案例加以了解.

▶ 案例 1　水温的变化趋势

将一盆80℃的热水放在一间室温为20℃的房间里,水的温度将逐渐降低,随着时间的推移,水温会越来越接近室温20℃.

▶ 案例 2　人影长度

考虑一个人沿直线走向路灯的正下方时,其影子的长度. 若目标总是灯的正下方那一点,灯与地面的垂直高度为 H_0. 由日常生活知识知道,当此人走向目标时,其影子长度越来越短,当人越来越接近目标时,其影子的长度越趋近于零.

▶ 案例 3　"一尺之棰,日取其半,万世不竭"的含义

中国古代数学家庄周(约公元前 369—公元前 286 年)在《庄子·天下篇》中引述惠施的话:"一尺之棰,日取其半,万世不竭."这句话的意思是指一尺的木棒,第一天取它的一半,即 $\frac{1}{2}$ 尺;第二天再取剩下的一半,即 $\frac{1}{4}$ 尺;第三天再取第二天剩下的一半,即 $\frac{1}{8}$ 尺……我们可以一天天地取下去,而木棒是永远也取不完的.

我们将每天剩余的木棒长度写出来就是:$\frac{1}{2}$,$\frac{1}{4}$,$\frac{1}{8}$,…,$\frac{1}{2^n}$,…,n 可以无穷无尽地取值. 当 n 很大时,$\frac{1}{2^n}$ 很小;当 n 无限增大时,$\frac{1}{2^n}$ 无限接近于 0.

⬦ **案例 4　圆面积的计算——割圆术**

"割圆术"求圆面积的做法和思路：

先作圆的内接正三角形，把它的面积记作 A_1，再作内接正六边形，其面积记作 A_2，再作内接正十二边形，其面积记作 A_3，…，照此下去，把圆的内接正 $3 \times 2^{n-1}(n=1, 2, \cdots)$ 边形的面积记作 A_n，这样得到一数列

$$A_1, A_2, A_3, \cdots, A_n, \cdots$$

当 n 无限增大时，A_n 无限接近圆的面积.

以上案例共同的特点是把一个固定不变的问题，看作一系列变化着的趋向于一个确定量的问题，从而确定出这个确定不变的量，这也正是本节要讨论的思路和方法.

2.1.2　数列的极限

考察下面几个数列，当 n 无限增大时，x_n 的变化趋势，如图 2-1-1 所示。

(1) $x_n = \dfrac{1}{2^n}$ 相应数列为 $\dfrac{1}{2}$，$\dfrac{1}{4}$，$\dfrac{1}{8}$，…，$\dfrac{1}{2^n}$，…；

(2) $x_n = \dfrac{n+(-1)^{n-1}}{n}$ 相应数列为 2，$\dfrac{1}{2}$，$\dfrac{4}{3}$，$\dfrac{3}{4}$，…，$\dfrac{n+(-1)^n}{n}$，…；

(3) $x_n = \dfrac{n}{n+1}$ 相应数列为 $\dfrac{1}{2}$，$\dfrac{2}{3}$，$\dfrac{3}{4}$，…，$\dfrac{n}{n+1}$，…；

(4) $x_n = (-1)^{n-1}$ 相应数列为 1，-1，1，-1，…，$(-1)^{n-1}$，…；

(5) $x_n = 2^n$ 相应数列为 2，4，8，…，2^n，….

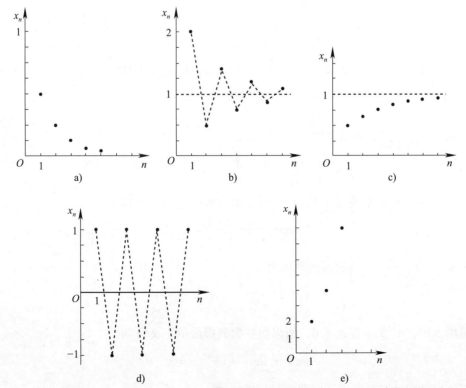

图　2-1-1

从图 2-1-1 可以看出，五个数列反映出的变化趋势大体分为两类：当 n 无限增大时，一类是 x_n 的数值无限接近于某一个常数；另一类则不能保持与某个常数无限接近. 数列 (1)、(2)、(3) 属于前一类，当 n 无限增大时，数列 (1) 无限接近于 0，数列 (2)(3) 无限接近于 1；数列 (4)、(5) 属于后一类，当 n 无限增大时，数列 (4) 在 1 和 -1 之间来回摆动，数列 (5) 的数值则无限增大，它们都不能保持与某个常数无限接近.

下面我们从数学上描述这些数列的变化，给出数列极限的定义.

定义 1 设无穷数列 $\{x_n\}$，如果当项数 n 无限增大时，数列 x_n 无限接近于某一确定的常数 A，那么就称常数 A 是数列 x_n 的极限，或者称数列 x_n 收敛于 A，记为

$$\lim_{n\to\infty} x_n = A,\ \text{或}\ x_n \to A(n\to\infty).$$

此数列称为收敛的. 如果数列没有极限，就说数列是发散的.

前面所给出的数列 (1)、(2)、(3) 的极限分别表示为

$$\lim_{n\to\infty}\frac{1}{2^n}=0,\ \lim_{n\to\infty}\frac{n+(-1)^{n-1}}{n}=1,\ \lim_{n\to\infty}\frac{n}{n+1}=1.$$

由定义可得数列 $\{2^n\}$ 及 $\{(-1)^{n+1}\}$ 发散.

数列的极限刻画了当 $n\to\infty$ 时，数列 x_n 的变化趋势. 特殊地，常数列的极限等于同一常数，即

$$\lim_{n\to\infty} C = C.$$

例 1 观察下列数列的变化趋势，写出它们的极限.

(1) $\{u_n\} = \left\{\dfrac{1}{3^n}\right\}$;　　　　　(2) $\{u_n\} = \left\{\dfrac{n-1}{n+1}\right\}$;　　　　　(3) $\{u_n\} = \left\{(-1)^n\dfrac{1}{n^2}\right\}$.

解 (1) $\{u_n\} = \left\{\dfrac{1}{3^n}\right\}$ 的各项顺次为

$$\frac{1}{3},\quad \frac{1}{9},\quad \frac{1}{27},\quad \frac{1}{81},\cdots,$$

当 n 无限增大时，u_n 无限接近于 0，所以根据数列极限的定义可知

$$\lim_{n\to\infty}\frac{1}{3^n}=0.$$

(2) $\{u_n\} = \left\{\dfrac{n-1}{n+1}\right\}$ 的各项顺次为

$$0,\ \frac{1}{3},\ \frac{2}{4},\ \frac{3}{5},\ \frac{4}{6},\ \cdots,\ \frac{n-1}{n+1},\cdots,$$

当 n 无限增大时，u_n 无限接近于 1，所以根据数列极限的定义可知

$$\lim_{n\to\infty} u_n = \lim_{n\to\infty}\frac{n-1}{n+1}=1.$$

(3) $\{u_n\} = \left\{(-1)^n\dfrac{1}{n^2}\right\}$ 的各项顺次为

$$-1,\quad \frac{1}{4},\quad -\frac{1}{9},\quad \frac{1}{16},\quad -\frac{1}{25},\cdots,$$

当 n 无限增大时，u_n 无限接近于 0，所以根据数列极限的定义可知

$$\lim_{n\to\infty} u_n = \lim_{n\to\infty}(-1)^n\frac{1}{n^2}=0.$$

下面给出数列的两种特性及数列极限的性质.

定义 2　设数列 $\{u_n\}$，若有

$$u_1 \leqslant u_2 \leqslant \cdots \leqslant u_n \leqslant u_{n+1} \leqslant \cdots,$$

则称该数列为**单调增加数列**；反之，若有

$$u_1 \geqslant u_2 \geqslant \cdots \geqslant u_n \geqslant u_{n+1} \geqslant \cdots,$$

则称该数列为**单调减少数列**.

例如，数列 $\left\{\dfrac{n}{n+1}\right\}$ 和 $\{n^2\}$ 为单调增加数列，而数列 $\left\{\dfrac{1}{n}\right\}$ 为单调减少数列.

定义 3　设数列 $\{u_n\}$，若存在正数 M，使一切 u_n 均有

$$|u_n| \leqslant M$$

成立，则称数列 $\{u_n\}$ 为**有界数列**；若这样的 M 不存在，则称数列 $\{u_n\}$ **无界**.

例如，数列 $\{(-1)^{n+1}\}$，$\left\{\dfrac{1}{n}\right\}$，$\left\{\dfrac{n}{n+1}\right\}$，$\left\{1+\dfrac{(-1)^n}{n}\right\}$ 都是有界数列，而数列 $\{(-1)^n 2n\}$，$\{n^2\}$ 为无界数列.

将常数 A 及数列 x_1，x_2，$\cdots$，x_n，$\cdots$ 在数轴上用它们的对应点表示出来，如图 2-1-2 所示，可以看出数列几乎所有的点都落在以 A 为中心的邻域内. 这就是数列 $\{x_n\}$ 极限为 A 的几何意义.

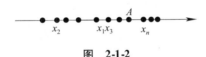

图　2-1-2

2.1.3　函数的极限

函数 $y = f(x)$ 中的自变量 x 总是在某个实数集合中变化，当自变量 x 处于某一个变化过程中时，函数 $y = f(x)$ 也随之发生变化. 函数极限就是研究自变量在各种变化过程中函数的变化趋势. 一般自变量 x 的变化过程分两种情形讨论.

1. $x \to \infty$ 时，函数 $y = f(x)$ 的极限

先看下面的例子：

观察函数 $f(x) = \dfrac{1}{x}$，如图 2-1-3 所示，当 x 的绝对值无限增大时，$f(x) = \dfrac{1}{x}$ 无限接近于常数 0.

定义 4　对于函数 $f(x)$，如果当 x 的绝对值无限增大（记作 $x \to \infty$）时，函数 $f(x)$ 无限接近于一个确定的常数 A，那么就称 A 为**函数 $f(x)$ 当 $x \to \infty$ 时的极限**，记作 $\lim\limits_{x \to \infty} f(x) = A$ 或 $f(x) \to A (x \to \infty)$.

由定义 4 可知，$\lim\limits_{x \to \infty} \dfrac{1}{x} = 0$.

若在上述定义中，限制 x 只取正值或只取负值，则有下面定义.

定义 5　如果当 $x > 0$ 且无限增大（记作 $x \to +\infty$）时，函数 $f(x)$ 无限接近于一个确定的常数 A，那么就称 A 为**函数 $f(x)$ 当 $x \to +\infty$ 时的极限**，记作

$$\lim\limits_{x \to +\infty} f(x) = A \text{ 或 } f(x) \to A (x \to +\infty).$$

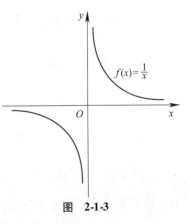

图　2-1-3

定义 6 如果当 $x < 0$ 且 x 的绝对值无限增大(记作 $x \to -\infty$)时,函数 $f(x)$ 无限接近于一个确定的常数 A,那么就称 A 为**函数 $f(x)$ 当 $x \to -\infty$ 时的极限**,记作

$$\lim_{x \to -\infty} f(x) = A \text{ 或 } f(x) \to A (x \to -\infty).$$

注:"$x \to \infty$"意味着同时考虑 $x \to +\infty$ 与 $x \to -\infty$ 两个方面.

$\lim\limits_{x \to +\infty} f(x)$,$\lim\limits_{x \to -\infty} f(x)$ 统称为**单侧极限**.

例 2 观察函数 $f(x) = e^x$ 与 $g(x) = e^{-x}$ 当 $x \to +\infty$ 时的极限.

解 如图 2-1-4 所示,当 $x \to +\infty$ 时,e^x 的值无限增大,所以 e^x 当 $x \to +\infty$ 时没有极限.

当 $x \to +\infty$ 时,e^{-x} 的值无限接近于常数 0,因此有 $\lim\limits_{x \to +\infty} e^{-x} = 0$.

例 3 讨论当 $x \to \infty$ 时函数 $y = \arctan x$ 的极限.

解 如图 2-1-5 所示,$\lim\limits_{x \to -\infty} \arctan x = -\dfrac{\pi}{2}$,$\lim\limits_{x \to +\infty} \arctan x = \dfrac{\pi}{2}$.

当 $x \to \infty$ 时,函数 $y = \arctan x$ 不能接近于一个确定的常数,所以 $x \to \infty$ 时,函数 $y = \arctan x$ 的极限不存在.

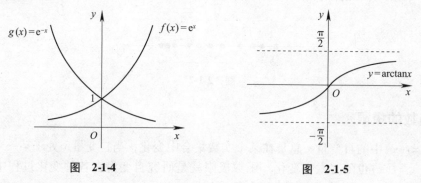

图 2-1-4   图 2-1-5

定理 1 极限 $\lim\limits_{x \to \infty} f(x) = A$ 的充要条件是:$\lim\limits_{x \to -\infty} f(x) = \lim\limits_{x \to +\infty} f(x) = A$.

在函数的极限中,下面一些极限经常用到,应记住.

(1) $\lim\limits_{x \to +\infty} q^x = 0 (0 < q < 1)$ 或 $\lim\limits_{x \to -\infty} q^x = 0 (q > 1)$;

(2) $\lim\limits_{x \to \infty} C = C$($C$ 为常数); (3) $\lim\limits_{x \to +\infty} \dfrac{1}{x^\alpha} = 0 (\alpha > 0)$.

注:根据函数的定义,数列 $\{x_n\}$ 的定义可以看作是定义在正整数集上的一个函数,即

$$x_n = f(n), \quad n \in \mathbf{Z}^+.$$

所以数列 $\{x_n\}$ 的极限可以理解为 $x \to +\infty$ 时,函数极限的特殊情况,即当自变量以"跳跃"的方式(只取正整数)趋于正无穷大时,函数 $f(x)$ 的变化趋势.

2. $x \to x_0$ 时,函数 $f(x)$ 的极限

观察函数 $f(x) = x + 1$ 和 $g(x) = \dfrac{x^2 - 1}{x - 1}$ 在 $x \to 1$ 时的变化趋势,并作图进行比较.

从图 2-1-6 中不难看出,当 $x \to 1$ 时,$f(x) = x + 1$ 和 $g(x) = \dfrac{x^2 - 1}{x - 1}$ 都无限接近于 2,但这两个函数是不同的,前者在点 $x = 1$ 处有定义,后者在点 $x = 1$ 处无定义.

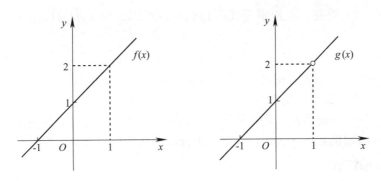

图 2-1-6

定义 7 设函数 $f(x)$ 在点 x_0 左右近旁有定义，如果当 x 无限接近于定值 x_0（记为 $x \to x_0$）时，函数 $f(x)$ 无限接近于一个确定的常数 A，那么就称 A 为**函数 $f(x)$ 当 $x \to x_0$ 时的极限**，记作 $\lim\limits_{x \to x_0} f(x) = A$ 或 $f(x) \to A \ (x \to x_0)$.

注意：（1）函数 $f(x)$ 当 $x \to x_0$ 时的极限与 $f(x)$ 在 x_0 是否有定义无关.

（2）$x \to x_0$ 为 x 从 x_0 左右两侧趋近于 x_0.

如上例，可表示为 $\lim\limits_{x \to 1} (x+1) = 2$，$\lim\limits_{x \to 1} \dfrac{x^2 - 1}{x - 1} = 2$.

例 4 写出下列极限的值.

（1）$\lim\limits_{x \to x_0} C$（$C$ 为常数）；   （2）$\lim\limits_{x \to x_0} x$.

解（1）设 $f(x) = C$，由于不论 x 取何值，$f(x)$ 的值恒等于 C，因此当 $x \to x_0$ 时，恒有 $f(x) = C$，所以 $\lim\limits_{x \to x_0} C = C$.

（2）设 $f(x) = x$，由于不论 x 取何值，$f(x)$ 的值都等于 x，因此当 $x \to x_0$ 时，$f(x) = x$ 也无限接近于定值 x_0，所以 $\lim\limits_{x \to x_0} x = x_0$.

有时我们需要研究 x 仅从 x_0 的某一侧趋近于 x_0 时，观察函数 $f(x)$ 的变化趋势，这就产生了左、右极限的概念.

定义 8 如果当 $x \to x_0^-$ 时，函数 $f(x)$ 无限接近于一个确定的常数 A，那么就称 A 为函数 $f(x)$ 当 $x \to x_0$ 时的**左极限**，记作 $\lim\limits_{x \to x_0^-} f(x) = A$ 或 $f(x) \to A (x \to x_0^-)$ 或 $f(x_0 - 0) = A$.

定义 9 如果当 $x \to x_0^+$ 时，函数 $f(x)$ 无限接近于一个确定的常数 A，那么就称 A 为函数 $f(x)$ 当 $x \to x_0$ 时的**右极限**，记作 $\lim\limits_{x \to x_0^+} f(x) = A$ 或 $f(x) \to A (x \to x_0^+)$ 或 $f(x_0 + 0) = A$.

左极限和右极限统称为**单侧极限**.

定理 2 $\lim\limits_{x \to x_0} f(x) = A$ 的充分必要条件是 $\lim\limits_{x \to x_0^-} f(x) = \lim\limits_{x \to x_0^+} f(x) = A$.

例 5 试求函数 $f(x) = \begin{cases} x + 1, & -\infty < x < 0 \\ x^2, & 0 \leqslant x \leqslant 1 \\ 1, & x > 1 \end{cases}$，在 $x = 0$ 和 $x = 1$ 处的极限.

解 因为 $\lim\limits_{x \to 0^-} f(x) = \lim\limits_{x \to 0^-} (x + 1) = 1$，$\lim\limits_{x \to 0^+} f(x) = \lim\limits_{x \to 0^+} x^2 = 0$，

函数 $f(x)$ 在 $x = 0$ 处左、右极限存在但不相等，所以，当 $x \to 0$ 时，函数 $f(x)$ 的极限不存在.

因为 $\lim\limits_{x \to 1^-} f(x) = \lim\limits_{x \to 1^-} x^2 = 1$，$\lim\limits_{x \to 1^+} f(x) = \lim\limits_{x \to 1^+} 1 = 1$，

函数 $f(x)$ 在 $x=1$ 处左、右极限存在而且相等，所以，当 $x\to 1$ 时，函数 $f(x)$ 的极限存在且

$$\lim_{x\to 1}f(x)=1.$$

注：（1）在一个变量前加上记号"lim"，就表示对这个变量进行了取极限运算，若变量极限存在，所指的不再是这个变量本身，而是它的极限，即变量无限接近的那个值.

（2）在过程 $x\to x_0$ 中观察 $f(x)$ 的极限时，我们只要求 x 充分接近 x_0 时 $f(x)$ 存在，与 $x=x_0$ 时或远离 x_0 时 $f(x)$ 取值如何无关，这一点在求分段函数的极限时尤为重要.

3. 函数极限的性质

下面仅以 $x\to x_0$ 的极限形式为例给出这些性质，至于其他形式极限的性质，只需做些修改即可得到.

性质 1（唯一性） 若 $\lim_{x\to x_0}f(x)$ 存在，则极限唯一.

性质 2（保号性） 若 $\lim_{x\to x_0}f(x)=A$，而且 $A>0(A<0)$ 那么在点 x_0 的左右近旁 $(x\neq x_0)$ 有 $f(x)>0(f(x)<0)$.

性质 3（有界性） 若 $\lim_{x\to x_0}f(x)$ 存在，则函数 $f(x)$ 在点 x_0 左右近旁有界.

极限思想在现代数学乃至物理学等学科中有着广泛的应用，这是由它本身固有的思维功能所决定的. 极限思想揭示了变量与常量、无限与有限的对立统一关系. 借助极限思想，人们可以从有限认识无限，从"不变"认识"变"，从直线形认识曲线形，从量变认识质变，从近似认识精确.

习题 2.1

1. 判断下列命题是否为真命题.

（1）若 $\lim_{x\to x_0}f(x)$ 存在，则 $f(x_0)$ 有意义. （ ）

（2）若 $\lim_{x\to x_0^-}f(x)$ 和 $\lim_{x\to x_0^+}f(x)$ 都存在，则极限 $\lim_{x\to x_0}f(x)$ 一定存在. （ ）

（3）若 $f(x)=\dfrac{1}{\sqrt{x}}$，那么 $\lim_{x\to\infty}f(x)=0$. （ ）

（4）若 $f(x)=\dfrac{x^2+3x}{x+3}$，那么 $\lim_{x\to-3}f(x)$ 不存在. （ ）

2. 观察下列数列当 $n\to\infty$ 时的变化趋势，并写出他们的极限.

（1）$\{x_n\}=\left\{\dfrac{1}{3^n}\right\}$; （2）$\{x_n\}=\{\sin n\}$;

（3）$\{x_n\}=\left\{\dfrac{n+1}{n-1}\right\}$; （4）$\{x_n\}=\left\{1+\dfrac{1}{2n}\right\}$.

3. 观察下列函数的极限.

（1）$\lim_{x\to\infty}\dfrac{1}{2x}$; （2）$\lim_{x\to 1}(x+2)$;

（3）$\lim_{x\to\frac{\pi}{4}}\tan x$; （4）$\lim_{x\to-\infty}4^x$;

（5）$\lim_{x\to 1}\ln x$; （6）$\lim_{x\to\infty}x^2$.

4. 设 $f(x) = \begin{cases} x^2 - 1, & x > 0 \\ x + 2, & x < 0 \end{cases}$，求 $\lim\limits_{x \to 0^-} f(x)$，$\lim\limits_{x \to 0^+} f(x)$，并判断 $\lim\limits_{x \to 0} f(x)$ 是否存在.

5. 设 $f(x) = \begin{cases} x, & x > 0 \\ x^3, & x < 0 \end{cases}$，求 $\lim\limits_{x \to 0^-} f(x)$，$\lim\limits_{x \to 0^+} f(x)$，并判断 $\lim\limits_{x \to 0} f(x)$ 是否存在.

2.2　无穷小量与无穷大量

在研究函数的变化趋势时，经常遇到函数的绝对值"无限变小"或"无限变大"的情况，这就是本节所要介绍的无穷小量与无穷大量.

2.2.1　无穷小

1. 无穷小的定义

定义 1　如果当 $x \to x_0$（或 $x \to \infty$）时，函数 $f(x)$ 的极限为零，即 $\lim\limits_{x \to x_0} f(x) = 0$（或 $\lim\limits_{x \to \infty} f(x) = 0$），那么称函数 $f(x)$ 为当 $x \to x_0$（或 $x \to \infty$）时的**无穷小量，简称无穷小**.

简言之，极限为零的变量称为无穷小量.

例如，因为 $\lim\limits_{x \to \infty} \dfrac{1}{x} = 0$，所以 $f(x) = \dfrac{1}{x}$ 是当 $x \to \infty$ 时的无穷小量. 又如 $\lim\limits_{x \to 0} x^2 = 0$，所以 $f(x) = x^2$ 是当 $x \to 0$ 时的无穷小量.

对定义做以下几点说明：

（1）无穷小表达的是量的变化状态，而不是量的大小.

（2）无穷小与自变量的变化趋势密切相关，因此说一个函数是无穷小时，必须指明自变量的变化趋势. 例如，当 $x \to \infty$ 时，$\dfrac{1}{x}$ 是无穷小，但当 $x \to 2$ 时，$\dfrac{1}{x}$ 就不是无穷小.

（3）不要把一个绝对值很小的常数说成是无穷小，常数中只有 0 可看成是无穷小.

例 1　自变量 x 在怎样的变化过程中，下列函数为无穷小？

（1）$y = \dfrac{1}{x - 1}$；　　　　　　　　（2）$y = 2x - 1$.

解　（1）因为 $\lim\limits_{x \to \infty} \dfrac{1}{x - 1} = 0$，所以 $\dfrac{1}{x - 1}$ 是当 $x \to \infty$ 时的无穷小；

（2）因为 $\lim\limits_{x \to \frac{1}{2}} (2x - 1) = 0$，所以 $2x - 1$ 是当 $x \to \dfrac{1}{2}$ 时的无穷小.

2. 无穷小的性质

在自变量的同一变化过程中，无穷小量具有如下性质：

性质 1　有限个无穷小量的代数和仍是无穷小量.

性质 2　有限个无穷小量的乘积仍是无穷小量.

性质 3　有界函数与无穷小量的乘积仍是无穷小量.

注：（1）无穷多个无穷小的代数和未必是无穷小. 例如，$n \to \infty$ 时，$\dfrac{1}{n}$ 是无穷小，但

$$\underbrace{\frac{1}{n}+\frac{1}{n}+\frac{1}{n}\cdots+\frac{1}{n}}_{n个}=1,$$

即 $n\to\infty$ 时，n 个 $\frac{1}{n}$ 的和不是无穷小．

（2）两个无穷小之商未必是无穷小．（请读者自己思考）

例 2　求 $\lim\limits_{x\to\infty}\left(\dfrac{1}{x}\sin x\right)$．

解　当 $x\to\infty$ 时，$\dfrac{1}{x}$ 是无穷小，$\sin x$ 没有极限但是有界函数，所以

$$\lim\limits_{x\to\infty}\left(\frac{1}{x}\sin x\right)=0.$$

下述定理可以说明无穷小与函数极限的关系．

定理 1　在自变量的同一变化过程 $x\to x_0$（或 $x\to\infty$）中，具有极限的函数等于它的极限与一个无穷小之和；反之，如果函数可以表示为常数与无穷小之和，那么该常数就是这个函数的极限．

例如，$f(x)=1+\dfrac{1}{x}$ 当 $x\to\infty$ 时极限为 1，则 $f(x)$ 就可表示成常数 1 与当 $x\to\infty$ 时的无穷小 $\dfrac{1}{x}$ 的和；反过来 $f(x)=1+\dfrac{1}{x}$ 是常数 1 与当 $x\to\infty$ 时的无穷小 $\dfrac{1}{x}$ 的和，则当 $x\to\infty$ 时 $f(x)$ 极限为 1．

注：定理 1 对 $x\to\infty$ 等其他情形也成立．

2.2.2　无穷大

1. 无穷大的定义

定义 2　如果当 $x\to x_0$（或 $x\to\infty$）时，函数 $f(x)$ 的绝对值无限增大，那么称函数 $f(x)$ 为当 $x\to x_0$（或 $x\to\infty$）时的**无穷大量**，简称**无穷大**．

关于无穷小与无穷大的概念要特别注意：

（1）无穷大是函数极限不存在的一种特殊情况，单为了便于叙述，我们也说"函数的极限是无穷大"记为 $\lim\limits_{x\to x_0}f(x)=\infty$（或 $\lim\limits_{x\to\infty}f(x)=\infty$）．

通常把趋向于 $+\infty$ 的函数称为正无穷大，趋向于 $-\infty$ 的函数称为负无穷大，分别记为 $\lim\limits_{\substack{x\to x_0\\(x\to\infty)}}f(x)=+\infty$ 和 $\lim\limits_{\substack{x\to x_0\\(x\to\infty)}}f(x)=-\infty$．如当 $x\to0$ 时，$\dfrac{1}{x}$ 是无穷大，即 $\lim\limits_{x\to0}\dfrac{1}{x}=\infty$．当 $x\to+\infty$ 时，2^x 是正无穷大，即 $\lim\limits_{x\to+\infty}2^x=+\infty$．当 $x\to0^+$ 时，$\ln x$ 是负无穷大，即 $\lim\limits_{x\to0^+}\ln x=-\infty$．

（2）无穷小（除 0 以外）与无穷大都表示一个变量，不能与任何一个很小或很大的数混为一谈．

（3）无穷小与无穷大是有条件的．如函数 $f(x)=\dfrac{1}{x}$ 在 $x\to\infty$ 的条件下是无穷小，在 $x\to0$ 的条件下是无穷大．

2. 无穷小与无穷大的关系

当 $x \to 0$ 时，$\dfrac{1}{x^2}$ 是无穷大，而 x^2 是无穷小，这说明无穷大与无穷小存在着**倒数关系**，因此有：

定理2 在自变量的同一变化过程中，如果 $f(x)$ 为无穷大，则 $\dfrac{1}{f(x)}$ 为无穷小. 反之，如果 $f(x)$ 为无穷小，且 $f(x) \neq 0$，则 $\dfrac{1}{f(x)}$ 为无穷大.

例如，当 $x \to 1$ 时，$x^2 - 1$ 为无穷小，而 $\dfrac{1}{x^2 - 1}$ 则为无穷大；当 $x \to \infty$ 时，$x^2 + 3x - 4$ 为无穷大，而 $\dfrac{1}{x^2 + 3x - 4}$ 则为无穷小.

例3 自变量在怎样的变化过程中，下列函数为无穷大？

$(1) y = \dfrac{1}{x - 1}$；　　　　$(2) y = 2x - 1$.

解 (1) 因为 $\lim\limits_{x \to 1}(x - 1) = 0$，所以 $x - 1$ 是当 $x \to 1$ 时的无穷小.

根据无穷大与无穷小的关系可知，$\dfrac{1}{x - 1}$ 是当 $x \to 1$ 时的无穷大.

(2) 因为 $\lim\limits_{x \to \infty}\left(\dfrac{1}{2x - 1}\right) = 0$，所以 $\dfrac{1}{2x - 1}$ 是当 $x \to \infty$ 时的无穷小.

根据无穷大与无穷小的关系可知，$2x - 1$ 是当 $x \to \infty$ 时的无穷大.

例4 求 $\lim\limits_{x \to 1}\dfrac{x + 4}{x - 1}$.

解 因为 $\dfrac{x - 1}{x + 4}$ 是当 $x \to 1$ 时的无穷小，根据无穷大与无穷小的关系可知，

$$\lim_{x \to 1}\frac{x + 4}{x - 1} = \infty.$$

习题 2.2

1. 判断题.

(1) 无穷大与有界变量之积是无穷大. 　　　　　　　　　　　（　）

(2) 无穷小的倒数是无穷大. 　　　　　　　　　　　　　　　（　）

(3) 绝对值非常小的量是无穷小量. 　　　　　　　　　　　　（　）

2. 当 $x \to 0$ 时，哪些是无穷小，哪些是无穷大？

$(1) 10x^2$；　　　$(2) \dfrac{1}{x}$；　　　$(3) \ln x\,(x > 0)$；　　　$(4) \dfrac{x}{3} - x$；

$(5) \tan x$；　　　$(6) 7x^3 - x$；　　　$(7) \dfrac{x}{x^2}$；　　　$(8) \dfrac{2}{x}$.

3. 求下列极限.

$(1) \lim\limits_{x \to \infty}\dfrac{\sin x}{x}$；　　　$(2) \lim\limits_{x \to 0}x\cos\dfrac{1}{x}$；　　　$(3) \lim\limits_{x \to 1}(x - 1)\arctan\dfrac{1}{x - 1}$.

2.3 极限的运算法则

仅用定义观察函数的极限是不能满足实际需要的，下面讨论数列和函数极限的四则运算法则及复合函数的极限. 由于数列是一种特殊的函数，因此在下面极限运算法则的讨论中，只讨论 $x \to x_0$ 时函数极限的情况，所有运算法则也适用于 $x \to \infty$ 时的函数极限和 $n \to \infty$ 时的数列极限.

2.3.1 极限的四则运算法则

定理 1 设 $\lim\limits_{x \to x_0} f(x) = A$，$\lim\limits_{x \to x_0} g(x) = B$，则

（1）$\lim\limits_{x \to x_0} [f(x) \pm g(x)] = \lim\limits_{x \to x_0} f(x) \pm \lim\limits_{x \to x_0} g(x) = A \pm B$；

（2）$\lim\limits_{x \to x_0} [f(x) g(x)] = \lim\limits_{x \to x_0} f(x) \lim\limits_{x \to x_0} g(x) = AB$；

（3）$\lim\limits_{x \to x_0} \dfrac{f(x)}{g(x)} = \dfrac{\lim\limits_{x \to x_0} f(x)}{\lim\limits_{x \to x_0} g(x)} = \dfrac{A}{B} (B \neq 0)$.

（1），（2）可以推广到有限 n 个，并且可以用于证明无穷小量的性质.

推论 设 $\lim\limits_{x \to x_0} f(x) = A$，则

（1）$\lim\limits_{x \to x_0} Cf(x) = C \lim\limits_{x \to x_0} f(x) = CA$ （C 为常数）；

（2）$\lim\limits_{x \to x_0} [f(x)]^n = \left[\lim\limits_{x \to x_0} f(x) \right]^n = A^n$.

上面定理、推论中的极限过程 $x \to x_0$ 可推广到 $x \to \infty$ 的情况.

利用极限的四则运算法则求解极限，通常分以下几种类型.

1. 直接用法则

例 1 求极限 $\lim\limits_{x \to 2} \left(\dfrac{1}{2} x + 3 \right)$.

解 $\lim\limits_{x \to 2} \left(\dfrac{1}{2} x + 3 \right) = \dfrac{1}{2} \lim\limits_{x \to 2} x + 3 = \dfrac{1}{2} \times 2 + 3 = 4$.

求解过程中用到两个结论，即 $\lim\limits_{x \to x_0} x = x_0$，$\lim c = C$（$C$ 为常数）.

事实上，初等函数 $y = f(x)$ 在点 x_0 的邻域有定义时，$\lim\limits_{x \to x_0} f(x) = f(x_0)$，这个结论在后面学习函数的连续性时会进一步说明.

例 2 求极限 $\lim\limits_{x \to 1} \dfrac{x^2 - x + 1}{x^2 - 3}$.

解 $\lim\limits_{x \to 1} \dfrac{x^2 - x + 1}{x^2 - 3} = \dfrac{\lim\limits_{x \to 1}(x^2 - x + 1)}{\lim\limits_{x \to 1}(x^2 - 3)} = \dfrac{\left(\lim\limits_{x \to 1} x\right)^2 - \lim\limits_{x \to 1} x + 1}{\left(\lim\limits_{x \to 1} x\right)^2 - 3} = \dfrac{1 - 1 + 1}{1 - 3} = -\dfrac{1}{2}$.

例 3 求极限 $\lim\limits_{x \to 1} \dfrac{x - 1}{x^2 + 1}$.

解 $\lim\limits_{x \to 1} \dfrac{x - 1}{x^2 + 1} = \dfrac{\lim\limits_{x \to 1}(x - 1)}{\lim\limits_{x \to 1}(x^2 + 1)} = \dfrac{0}{2} = 0$.

2. 当 $x \to x_0$ 时，分子、分母均趋于 0

例 4 求极限 $\lim\limits_{x \to 3} \dfrac{x-3}{x^2-9}$.

解 $\lim\limits_{x \to 3} \dfrac{x-3}{x^2-9} = \lim\limits_{x \to 3} \dfrac{x-3}{(x+3)(x-3)} = \lim\limits_{x \to 3} \dfrac{1}{x+3} = \dfrac{1}{6}$.

例 5 求极限 $\lim\limits_{x \to -2} \dfrac{x^2+x-2}{x^2+5x+6}$.

解 $\lim\limits_{x \to -2} \dfrac{x^2+x-2}{x^2+5x+6} = \lim\limits_{x \to -2} \dfrac{(x+2)(x-1)}{(x+2)(x+3)} = \lim\limits_{x \to -2} \dfrac{x-1}{x+3} = -3$.

例 6 求极限 $\lim\limits_{x \to 0} \dfrac{x^3-3x^2+2x}{x^2+x}$.

解 $\lim\limits_{x \to 0} \dfrac{x^3-3x^2+2x}{x^2+x} = \lim\limits_{x \to 0} \dfrac{x(x^2-3x+2)}{x(x+1)} = \lim\limits_{x \to 0} \dfrac{x^2-3x+2}{x+1} = 2$.

当 $x \to x_0$ 时，分子、分母均趋于 0，则将分子、分母分解因式（能分解的），约去 $(x-x_0)$（当 $x \to x_0$ 时，$x \neq x_0$，$x-x_0 \neq 0$，可约去）再用法则.

3. 当 $x \to \infty$ 时，分子、分母均趋于 ∞

例 7 求极限 $\lim\limits_{x \to \infty} \dfrac{2x^3-x^2+1}{3x^3+x^2-4}$.

解 $\lim\limits_{x \to \infty} \dfrac{2x^3-x^2+1}{3x^3+x^2-4} = \lim\limits_{x \to \infty} \dfrac{2-\dfrac{1}{x}+\dfrac{1}{x^3}}{3+\dfrac{1}{x}-\dfrac{4}{x^3}} = \dfrac{\lim\limits_{x \to \infty}\left(2-\dfrac{1}{x}+\dfrac{1}{x^3}\right)}{\lim\limits_{x \to \infty}\left(3+\dfrac{1}{x}-\dfrac{4}{x^3}\right)} = \dfrac{2}{3}$.

例 8 求极限 $\lim\limits_{x \to \infty} \dfrac{x^2+2}{x^3-x-3}$.

解 $\lim\limits_{x \to \infty} \dfrac{x^2+2}{x^3-x-3} = \lim\limits_{x \to \infty} \dfrac{\dfrac{1}{x}+\dfrac{2}{x^3}}{1-\dfrac{1}{x^2}-\dfrac{3}{x^3}} = 0$.

例 9 求极限 $\lim\limits_{x \to \infty} \dfrac{x^3-2x+1}{3x^2+2}$.

解 $\lim\limits_{x \to \infty} \dfrac{x^3-2x+1}{3x^2+2} = \lim\limits_{x \to \infty} \dfrac{1-\dfrac{2}{x^2}+\dfrac{1}{x^3}}{\dfrac{3}{x}+\dfrac{2}{x^3}} = \infty$.

一般地，当 $x \to \infty$ 时，有理式（$a_0 \neq 0$，$b_0 \neq 0$）的极限有以下结果：

$$\lim_{x \to \infty} \dfrac{a_0 x^n + a_1 x^{n-1} + \cdots + a_n}{b_0 x^m + b_1 x^{m-1} + \cdots + b_m} = \begin{cases} \dfrac{a_0}{b_0}, & n=m, \\ 0, & n<m, \\ \infty, & n>m. \end{cases}$$

当 $x \to \infty$ 时，分子、分母均趋于 ∞，则分子、分母同除以 x 的最高次幂，再用法则.

例 10 求极限 $\lim\limits_{n \to \infty}\left(1+\dfrac{1}{2}+\dfrac{1}{4}+\cdots+\dfrac{1}{2^n}\right)$.

解 $\lim\limits_{n\to\infty}\left(1+\dfrac{1}{2}+\dfrac{1}{4}+\cdots+\dfrac{1}{2^n}\right)=\lim\limits_{n\to\infty}\left[\dfrac{1-\left(\dfrac{1}{2}\right)^{n+1}}{1-\dfrac{1}{2}}\right]=2.$

例 11 求极限 $\lim\limits_{n\to\infty}\dfrac{2^n-1}{3^n-1}$.

解 $\lim\limits_{n\to\infty}\dfrac{2^n-1}{3^n-1}=\lim\limits_{n\to\infty}\left[\dfrac{\left(\dfrac{2}{3}\right)^n-\left(\dfrac{1}{3^n}\right)}{1-\left(\dfrac{1}{3^n}\right)}\right]=0.$

4. 当 $x\to x_0$ 时，两个无穷大量相减

例 12 求极限 $\lim\limits_{x\to-1}\left(\dfrac{1}{x+1}-\dfrac{3}{x^3+1}\right)$.

解 当 $x\to-1$ 时，函数 $\dfrac{1}{x+1}$ 与 $\dfrac{3}{x^3+1}$ 极限不存在，也不能应用差的极限运算法则，但将其通分后即得

$$\lim\limits_{x\to-1}\left(\dfrac{1}{x+1}-\dfrac{3}{x^3+1}\right)=\lim\limits_{x\to-1}\dfrac{x^2-x+1-3}{x^3+1}=\lim\limits_{x\to-1}\dfrac{(x-2)(x+1)}{(x^2-x+1)(x+1)}$$

$$=\lim\limits_{x\to-1}\dfrac{x-2}{x^2-x+1}=\dfrac{-1-2}{1+1+1}=-1.$$

例 13 求极限 $\lim\limits_{x\to1}\left(\dfrac{1}{1-x}-\dfrac{2}{1-x^2}\right)$.

解 $\lim\limits_{x\to1}\left(\dfrac{1}{1-x}-\dfrac{2}{1-x^2}\right)=\lim\limits_{x\to1}\dfrac{1+x-2}{1-x^2}=\lim\limits_{x\to1}\dfrac{-(1-x)}{(1-x)(1+x)}=-\dfrac{1}{2}.$

当 $x\to x_0$ 时，两个无穷大量相减，有时需要先通分变形后再求极限.

5. 无理式的极限

例 14 求极限 $\lim\limits_{x\to3}\dfrac{x-3}{\sqrt{x-2}-1}$.

解 $\lim\limits_{x\to3}\dfrac{x-3}{\sqrt{x-2}-1}=\lim\limits_{x\to3}\dfrac{(x-3)(\sqrt{x-2}+1)}{(x-2)-1}$

$$=\lim\limits_{x\to3}(\sqrt{x-2}+1)=2.$$

例 15 求极限 $\lim\limits_{x\to4}\dfrac{\sqrt{2x+1}-3}{\sqrt{x-2}-\sqrt{2}}$.

解 $\lim\limits_{x\to4}\dfrac{\sqrt{2x+1}-3}{\sqrt{x-2}-\sqrt{2}}=\lim\limits_{x\to4}\dfrac{(\sqrt{2x+1}-3)(\sqrt{2x+1}+3)(\sqrt{x-2}+\sqrt{2})}{(\sqrt{x-2}+\sqrt{2})(\sqrt{x-2}-\sqrt{2})(\sqrt{2x+1}+3)}$

$$=\lim\limits_{x\to4}\dfrac{2(x-4)(\sqrt{x-2}+\sqrt{2})}{(x-4)(\sqrt{2x+1}+3)}=\lim\limits_{x\to4}\dfrac{2(\sqrt{x-2}+\sqrt{2})}{(\sqrt{2x+1}+3)}=\dfrac{2\sqrt{2}}{3}.$$

无理式的极限，可先将分子或分母有理化，再用法则.

2.3.2 复合函数的极限

对于复合函数，我们有下面的结论：

定理 2　设函数 $y=f(\varphi(x))$ 由函数 $y=f(u)$ 和 $u=\varphi(x)$ 复合而成,

（1）若 $\lim\limits_{x\to x_0}\varphi(x)=a$，且在点 x_0 的某个去心邻域内 $\varphi(x)\neq a$，又 $\lim\limits_{u\to a}f(u)=A$，则 $\lim\limits_{x\to x_0}f(\varphi(x))=A$；

（2）若 $\lim\limits_{x\to x_0}\varphi(x)=\infty$，且 $\lim\limits_{u\to\infty}f(u)=A$，则 $\lim\limits_{x\to x_0}f(\varphi(x))=A$.

该定理表明：如果函数 $y=f(u)$ 和 $u=\varphi(x)$ 满足定理条件，在求复合函数的极限 $\lim\limits_{x\to x_0}f(\varphi(x))$ 时，可作代换，将 $\lim\limits_{x\to x_0}f(\varphi(x))$ 转化为 $\lim\limits_{u\to a}f(u)$，这里 $a=\lim\limits_{x\to x_0}\varphi(x)$，即

$$\lim\limits_{x\to x_0}f(\varphi(x))=\lim\limits_{u\to a}f(u)，\text{其中 } a=\lim\limits_{x\to x_0}\varphi(x).$$

定理中的 $x\to x_0$ 也可换为其他极限过程.

例 16　求 $\lim\limits_{x\to27}\dfrac{\sqrt[3]{x}-3}{x-27}$.

解　由于

$$\lim\limits_{x\to27}\sqrt[3]{x}=3,$$

令 $u=\sqrt[3]{x}$，则由定理 2 有：

$$\lim\limits_{x\to27}\frac{\sqrt[3]{x}-3}{x-27}=\lim\limits_{u\to3}\frac{u-3}{u^3-27}=\lim\limits_{u\to3}\frac{u-3}{(u-3)(u^2+3u+9)}=\frac{1}{27}.$$

习题 2.3

计算下列极限.

（1）$\lim\limits_{x\to-1}\dfrac{x^2+2x+5}{x^2+1}$；

（2）$\lim\limits_{x\to4}\dfrac{x^2-6x+8}{x^2-5x+4}$；

（3）$\lim\limits_{x\to1}\left(\dfrac{1}{1-x}-\dfrac{3}{1-x^3}\right)$；

（4）$\lim\limits_{x\to1}\dfrac{\sqrt{5x-4}-\sqrt{x}}{x-1}$；

（5）$\lim\limits_{x\to\infty}\left(1+\dfrac{1}{x}\right)\left(2-\dfrac{1}{x^2}\right)$；

（6）$\lim\limits_{x\to\infty}\dfrac{x^2-1}{2x^2-x-1}$；

（7）$\lim\limits_{x\to\infty}\dfrac{x^2+x}{x^4-3x^2+1}$；

（8）$\lim\limits_{n\to\infty}\left[\dfrac{1}{1\cdot2}+\dfrac{1}{2\cdot3}+\cdots+\dfrac{1}{n\cdot(n+1)}\right]$；

（9）$\lim\limits_{x\to\infty}\dfrac{x^2}{2x+1}$；

（10）$\lim\limits_{x\to1}\sin(x+1)$.

2.4　两个重要极限与无穷小量的比较

2.4.1　两个重要极限

1. $\lim\limits_{x\to0}\dfrac{\sin x}{x}=1\left(\text{或}\lim\limits_{x\to0}\dfrac{x}{\sin x}=1\right)$

先列表观察当 $x\to0$ 时，函数 $\dfrac{\sin x}{x}$ 的变化趋势：

x	$\pm\dfrac{\pi}{8}$	$\pm\dfrac{\pi}{16}$	$\pm\dfrac{\pi}{32}$	$\pm\dfrac{\pi}{64}$	$\pm\dfrac{\pi}{128}$	$\pm\dfrac{\pi}{512}$	$\cdots\to 0$
$\dfrac{\sin x}{x}$	0.974495	0.993586	0.998394	0.999598	0.999899	0.999993	$\cdots\to 1$

由上表可以看出，当 $x\to 0$ 时，$\dfrac{\sin x}{x}\to 1$，即

$$\lim_{x\to 0}\frac{\sin x}{x}=1\left(\text{或}\lim_{x\to 0}\frac{x}{\sin x}=1\right).$$

我们称之为**第一个重要极限**.

这个重要极限呈现 $\dfrac{0}{0}$ 型的形态，为了强调其形式，我们将其形象地记为

$$\lim_{\square\to 0}\frac{\sin\square}{\square}=1\left(\text{或}\lim_{\square\to 0}\frac{\square}{\sin\square}=1\right)(\text{方框}\square\text{代表同一变量}).$$

以后，在利用第一个重要极限时，只需把方框 $\square$ 中的变量凑成同一形式，即可直接应用上述公式.

例1 求下列函数的极限.

(1) $\lim\limits_{x\to 0}\dfrac{\sin kx}{x}$；　　(2) $\lim\limits_{x\to 0}\dfrac{\sin 5x}{\sin 3x}$；　　(3) $\lim\limits_{x\to 0}\dfrac{1-\cos x}{x^2}$；　　(4) $\lim\limits_{x\to 0}\dfrac{\arcsin x}{x}$.

解 (1) $\lim\limits_{x\to 0}\dfrac{\sin kx}{x}=k\lim\limits_{x\to 0}\dfrac{\sin kx}{kx}=k$；

(2) $\lim\limits_{x\to 0}\dfrac{\sin 5x}{\sin 3x}=\lim\limits_{x\to 0}\dfrac{\dfrac{\sin 5x}{x}}{\dfrac{\sin 3x}{x}}=\dfrac{5}{3}$；

(3) $\lim\limits_{x\to 0}\dfrac{1-\cos x}{x^2}=\lim\limits_{x\to 0}\dfrac{2\sin^2\dfrac{x}{2}}{x^2}=\lim\limits_{x\to 0}\dfrac{2}{4}\left(\dfrac{\sin\dfrac{x}{2}}{\dfrac{x}{2}}\right)^2=\dfrac{1}{2}\left(\lim\limits_{x\to 0}\dfrac{\sin\dfrac{x}{2}}{\dfrac{x}{2}}\right)^2=\dfrac{1}{2}$；

(4) 令 $t=\arcsin x$，则 $x=\sin t$. 当 $x\to 0$ 时，$t\to 0$. 所以

$$\lim_{x\to 0}\frac{\arcsin x}{x}=\lim_{t\to 0}\frac{t}{\sin t}=\lim_{t\to 0}\frac{1}{\dfrac{\sin t}{t}}=1.$$

2. $\lim\limits_{x\to\infty}\left(1+\dfrac{1}{x}\right)^x=\mathrm{e}\left(\text{或}\lim\limits_{x\to 0}(1+x)^{\frac{1}{x}}=\mathrm{e}\right)$

先列表观察当 $x\to +\infty$ 及 $x\to -\infty$ 时，函数 $\left(1+\dfrac{1}{x}\right)^x$ 的变化趋势：

x	10^2	10^3	10^4	10^5	10^6	$\cdots\to +\infty$
$\left(1+\dfrac{1}{x}\right)^x$	2.70481	2.71692	2.71815	2.71827	2.71828	$\cdots\to\mathrm{e}$

x	-10^2	-10^3	-10^4	-10^5	-10^6	$\cdots\to -\infty$
$\left(1+\dfrac{1}{x}\right)^x$	2.73200	2.71964	2.71841	2.71830	2.71828	$\cdots\to\mathrm{e}$

由上表可以看出，当 $|x|$ 无限增大时，函数 $\left(1+\dfrac{1}{x}\right)^x$ 的对应值就会无限地趋近于常数 e（e 是数学中的一个重要常数，其值 e $= 2.718281828459045\cdots$），即

$$\lim_{x\to\infty}\left(1+\frac{1}{x}\right)^x = \mathrm{e}\left(\text{或}\lim_{x\to 0}(1+x)^{\frac{1}{x}}=\mathrm{e}\right),$$

我们称之为**第二个重要极限**.

这个极限常用于求一些幂指函数（形如 $y=f(x)^{g(x)}$ 的函数）的极限，它是"1^∞"型的极限. 为了强调其形式，我们将其形象地记为

$$\lim_{\Box\to\infty}\left(1+\frac{1}{\Box}\right)^{\Box} = \mathrm{e}\left(\text{或}\lim_{\Box\to 0}(1+\Box)^{\frac{1}{\Box}}=\mathrm{e}\right).$$

例 2　求 $\lim\limits_{x\to\infty}\left(1+\dfrac{2}{x}\right)^x$.

解　$\lim\limits_{x\to\infty}\left(1+\dfrac{2}{x}\right)^x = \lim\limits_{x\to\infty}\left(1+\dfrac{2}{x}\right)^{\frac{x}{2}\cdot 2} = \lim\limits_{x\to\infty}\left[\left(1+\dfrac{2}{x}\right)^{\frac{x}{2}}\right]^2 = \mathrm{e}^2$.

例 3　求 $\lim\limits_{x\to 0}(1-x)^{\frac{1}{x}}$.

解　$\lim\limits_{x\to 0}(1-x)^{\frac{1}{x}} = \lim\limits_{x\to 0}\left[1+(-x)\right]^{\frac{1}{x}} = \lim\limits_{x\to 0}\left\{\left[1+(-x)\right]^{-\frac{1}{x}}\right\}^{-1} = \left\{\lim\limits_{x\to 0}\left[1+(-x)\right]^{-\frac{1}{x}}\right\}^{-1}$
$= \mathrm{e}^{-1}$.

例 4　求 $\lim\limits_{x\to\infty}\left(\dfrac{1+x}{x}\right)^{4x+1}$.

解　$\lim\limits_{x\to\infty}\left(\dfrac{1+x}{x}\right)^{4x+1} = \lim\limits_{x\to\infty}\left[\left(1+\dfrac{1}{x}\right)^x\right]^4\cdot\left(1+\dfrac{1}{x}\right) = \left[\lim\limits_{x\to\infty}\left(1+\dfrac{1}{x}\right)^x\right]^4\cdot\lim\limits_{x\to\infty}\left(1+\dfrac{1}{x}\right) = \mathrm{e}^4$.

例 5　求 $\lim\limits_{x\to\infty}\left(\dfrac{x+1}{x-2}\right)^x$.

解法 1　$\lim\limits_{x\to\infty}\left(\dfrac{x+1}{x-2}\right)^x = \lim\limits_{x\to\infty}\dfrac{\left(1+\dfrac{1}{x}\right)^x}{\left[\left(1-\dfrac{2}{x}\right)^{-\frac{x}{2}}\right]^{-2}} = \dfrac{\lim\limits_{x\to\infty}\left(1+\dfrac{1}{x}\right)^x}{\lim\limits_{x\to\infty}\left[\left(1-\dfrac{2}{x}\right)^{-\frac{x}{2}}\right]^{-2}} = \dfrac{\mathrm{e}}{\mathrm{e}^{-2}} = \mathrm{e}^3$.

解法 2　$\lim\limits_{x\to\infty}\left(\dfrac{x+1}{x-2}\right)^x = \lim\limits_{x\to\infty}\left(1+\dfrac{3}{x-2}\right)^x = \lim\limits_{x\to\infty}\left(1+\dfrac{3}{x-2}\right)^{\frac{x-2}{3}\cdot 3+2}$

$= \lim\limits_{x\to\infty}\left[\left(1+\dfrac{3}{x-2}\right)^{\frac{x-2}{3}}\right]^3\cdot\lim\limits_{x\to\infty}\left(1+\dfrac{3}{x-2}\right)^2 = \mathrm{e}^3\cdot 1 = \mathrm{e}^3$.

例 6　连续复利公式.

解　设本金为 p，年利率为 r，则以年为期的单利（第二年利息不计入本金）计算公式为

$$s_n = p(1+nr)\ (\text{第 } n \text{ 年末的本利和}).$$

以年为期的复利（第二年利息计入本金）计算公式为

$$s_n = p(1+r)^n\ (\text{第 } n \text{ 年末的本利和}).$$

若以复利计算，一年分 m 次付息，则第 n 年末的本利和为

$$s_n = p\left(1+\frac{r}{m}\right)^{mn}.$$

所谓连续复利，即将计息期限无限缩短，期数无限地增大（$m\to\infty$），则复利计算公式为

$$s_n = \lim_{m \to \infty} p \left(1 + \frac{r}{m} \right)^{mn} = p \lim_{m \to \infty} \left(1 + \frac{r}{m} \right)^{\frac{m}{r} \cdot rn} = p e^{rn}.$$

2.4.2 无穷小的比较

由无穷小的性质可知，两个无穷小的和、差、乘积仍是无穷小，但两个无穷小的商却会出现不同的情况. 如当 $x \to 0$ 时，x，$2x$，x^2 都是无穷小，却有

$$\lim_{x \to 0} \frac{x^2}{x} = \lim_{x \to 0} x = 0,$$

$$\lim_{x \to 0} \frac{2x}{x^2} = \lim_{x \to 0} \frac{2}{x} = \infty,$$

$$\lim_{x \to 0} \frac{2x}{x} = \lim_{x \to 0} 2 = 2,$$

两个无穷小之比的极限不同的情况，说明无穷小虽然都是以零为极限，但它们趋向于零的速度不一样，x^2 比 x 快些，$2x$ 比 x^2 慢些，$2x$ 与 x 大致相同.

定义 设 α，β 是同一变化过程中的两个无穷小，且 $\alpha \neq 0$，

(1) 如果 $\lim \dfrac{\beta}{\alpha} = 0$，那么称 β 是比 α **高阶的无穷小**，记为 $\beta = o(\alpha)$.

(2) 如果 $\lim \dfrac{\beta}{\alpha} = \infty$，那么称 β 是比 α **低阶的无穷小**.

(3) 如果 $\lim \dfrac{\beta}{\alpha} = C$（$C$ 为非零常数），那么称 β 与 α 为**同阶的无穷小**.

特别的，当常数 $C = 1$ 时，称 β 与 α 为**等价的无穷小**，记作 $\alpha \sim \beta$.

例如，就前面叙述的三个无穷小 x，$2x$，$x^2 (x \to 0)$ 而言，x^2 是比 x 高阶的无穷小，$2x$ 与 x 是同阶的无穷小，$2x$ 是比 x^2 低阶的无穷小. 再如，$\sin x \sim x (x \to 0)$.

例 7 指出当 $x \to 4$ 时，无穷小 $\sqrt{2x+1} - 3$ 与 $x - 4$ 之间的关系.

解 因为 $\displaystyle \lim_{x \to 4} \frac{\sqrt{2x+1} - 3}{x - 4} = \lim_{x \to 4} \frac{2x + 1 - 9}{(x-4)(\sqrt{2x+1} + 3)} = \lim_{x \to 4} \frac{2}{\sqrt{2x+1} + 3} = \frac{1}{3}$,

所以当 $x \to 4$ 时，$\sqrt{2x+1} - 3$ 与 $x - 4$ 是同阶无穷小.

定理 （无穷小量的替换定理）若 $\alpha \sim \alpha'$，$\beta \sim \beta'$ 且 $\lim \dfrac{\beta'}{\alpha'}$ 存在，则

$$\lim \frac{\beta}{\alpha} = \lim \frac{\beta'}{\alpha'}.$$

这个定理表明，求两个无穷小之比的极限时，分子分母均可用其等价无穷小来代替. 因此，如果用来代替的无穷小选取适当，则可使计算简化. 下面是常用的几个等价无穷小.

当 $x \to 0$ 时，有

$$\sin x \sim x, \quad \tan x \sim x, \ \arcsin x \sim x, \quad \arctan x \sim x, \ 1 - \cos x \sim \frac{x^2}{2},$$

$$\sin ax \sim ax, \quad \tan ax \sim ax, \ \ln(1 + x) \sim x, \quad e^x - 1 \sim x,$$

$$\sqrt{1 + x} - 1 \sim \frac{1}{2} x, \quad \sqrt[n]{1 + x} - 1 \sim \frac{x}{n}, \quad \tan x - \sin x \sim \frac{1}{2} x^3.$$

例 8　求 $\lim\limits_{x\to 0}\dfrac{\tan 2x}{\sin 5x}$.

解　当 $x\to 0$ 时，$\tan 2x \sim 2x$，$\sin 5x \sim 5x$，

所以　$\lim\limits_{x\to 0}\dfrac{\tan 2x}{\sin 5x}=\lim\limits_{x\to 0}\dfrac{2x}{5x}=\dfrac{2}{5}$.

例 9　求 $\lim\limits_{x\to 0}\dfrac{e^{2x}-1}{x}$.

解　当 $x\to 0$ 时，$e^{x}-1\sim x$，所以 $e^{2x}-1\sim 2x$.

$$\lim\limits_{x\to 0}\dfrac{e^{2x}-1}{x}=\lim\limits_{x\to 0}\dfrac{2x}{x}=2.$$

注：（1）等价代换时必须写明等价无穷小这个前提条件.

（2）等价代换是对分子或分母的整体替换（或对分子、分母的因式进行替换），而对分子或分母中的 "$+$" "$-$" 号连接的各部分不能分别作替换，如 $\lim\limits_{x\to 0}\dfrac{\tan x-\sin x}{x^{3}}=\lim\limits_{x\to 0}\dfrac{\sin x(1-\cos x)}{x^{3}\cos x}=$

$\lim\limits_{x\to 0}\dfrac{2\sin x\sin^{2}\dfrac{x}{2}}{x^{3}\cos x}=\dfrac{1}{2}$，若 $\tan x$ 与 $\sin x$ 分别用其等价无穷小 x 代换，则有 $\lim\limits_{x\to 0}\dfrac{\tan x-\sin x}{x^{3}}=\lim\limits_{x\to 0}\dfrac{x-x}{x^{3}}=$

0，这样就错了.

习题 2.4

1. 求下列极限.

（1）$\lim\limits_{x\to 0}\dfrac{\sin 5x}{\sin 3x}$；　　　　　　（2）$\lim\limits_{x\to 0}\dfrac{\sin 2x}{x}$；　　　　　　（3）$\lim\limits_{x\to 0}\dfrac{\tan 2x}{x}$；

（4）$\lim\limits_{x\to 0}x\cot x$；　　　　　　（5）$\lim\limits_{x\to \infty}\left(1-\dfrac{3}{x}\right)^{x}$；　　　　（6）$\lim\limits_{x\to 0}(1+2x)^{\frac{1}{x}}$.

2. 用等价无穷小代换，求下列极限.

（1）$\lim\limits_{x\to 0}\dfrac{\arcsin x}{\tan 3x}$；　　（2）$\lim\limits_{x\to 0}\dfrac{\sin x^{5}}{\sin^{3}x}$；　　（3）$\lim\limits_{x\to 0}\dfrac{\ln(1+x)}{\sin 3x}$；　　（4）$\lim\limits_{x\to 0}\dfrac{\sin x}{2x^{3}+x}$.

3. 比较下列无穷小的阶.

（1）当 $x\to -3$ 时，无穷小 $x^{2}+6x+9$ 与 $x+3$；

（2）当 $x\to 0$ 时，无穷小 $1-\cos x$ 与 $\dfrac{x^{2}}{2}$.

2.5　函数的连续性

如果我们观察函数曲线，会发现有的连绵不断，有的在某些点处发生断裂，而物体的运动有的是渐变的，有的在某个地方发生突变. 它们反映在函数性质上都是函数某点与周围点是否衔接的问题，即函数的连续与间断.

2.5.1　函数的连续性简介

对于函数 $y=f(x)$，当自变量 x 在某一点 x_{0} 处的变化很微小时，所引起的函数值的变化

也很微小，我们可以说函数在点 x_0 处是连续的. 为了描述这种微小变化的关系，先引入增量的概念.

1. 增量

如果变量 u 从初值 u_1 变到终值 u_2，那么把终值与初值的差 $u_2 - u_1$ 称为变量 u 的增量（或改变量），记为 Δu，即

$$\Delta u = u_2 - u_1.$$

增量 Δu 可以是正值，也可以是负值. 当 Δu 是正值时，变量 u 是增加的；当 Δu 是负值时，变量 u 是减少的.

2. 函数的增量

假定函数 $y = f(x)$ 在点 x_0 近旁有定义. 当自变量 x 从 x_0 变到 $x_0 + \Delta x$ 时，函数 y 相应地从 $f(x_0)$ 变到 $f(x_0 + \Delta x)$，因此函数 y 的对应**增量**为 $\Delta y = f(x_0 + \Delta x) - f(x_0)$，如图 2-5-1 所示.

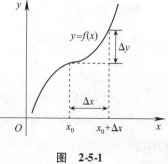

图 2-5-1

3. 函数 $y = f(x)$ 在一点 x_0 处的连续性

函数 $y = f(x)$，当自变量从初值 x_0 变到终值 x 时，函数值就相应地从 $f(x_0)$ 变到 $f(x)$，在这个过程中，

自变量增量记为 $\Delta x = x - x_0$，

函数增量记为 $\Delta y = f(x) - f(x_0)$ 或 $\Delta y = f(x_0 + \Delta x) - f(x_0)$.

定义 1 设函数 $y = f(x)$ 在点 x_0 附近有定义，如果当自变量增量 Δx 趋近于零时，函数增量 Δy 也趋近于零，称函数 $y = f(x)$ **在点 x_0 处连续**，记为 $\lim\limits_{\Delta x \to 0} \Delta y = 0$.

在上述函数连续的定义中，当 $\Delta x \to 0$ 时 $x \to x_0$，$\Delta y \to 0$ 就是 $f(x) \to f(x_0)$，所以函数在 x_0 处连续，还可以表示为在某点 x_0 处的极限值等于函数值，即 $\lim\limits_{x \to x_0} f(x) = f(x_0)$.

若 $\lim\limits_{x \to x_0^-} f(x) = f(x_0)$，称 $y = f(x)$ 在点 x_0 处左连续；若 $\lim\limits_{x \to x_0^+} f(x) = f(x_0)$，则称 $y = f(x)$ 在点 x_0 处右连续.

由极限存在的充要条件知，函数 $y = f(x)$ 在点 x_0 处连续的充要条件是 $f(x)$ 在点 x_0 处左连续且右连续.

4. 函数在区间上的连续性定义

定义 2 如果函数 $f(x)$ 在开区间 (a, b) 内每一点都连续，则称函数 $f(x)$ 在开区间 (a, b) 内连续；如果函数 $f(x)$ 在闭区间 $[a, b]$ 上有定义，在开区间 (a, b) 内连续，且 $\lim\limits_{x \to a^+} f(x) = f(a)$（称函数 $f(x)$ 在 $x = a$ 处右连续），$\lim\limits_{x \to b^-} f(x) = f(b)$（称函数 $f(x)$ 在 $x = b$ 处左连续），那么就称函数 $f(x)$ 在闭区间 $[a, b]$ 上连续.

例 1 试证函数 $f(x) = 3x^2 - 1$ 在点 $x = 2$ 处连续.

证明 因为 $f(x)$ 的定义域为 $(-\infty, +\infty)$，所以 $f(x)$ 在点 $x = 2$ 处及其附近有定义，又因为 $\lim\limits_{x \to 2} f(x) = \lim\limits_{x \to 2} (3x^2 - 1) = 11$，且 $f(2) = 3 \times 2^2 - 1 = 11$，

所以函数 $f(x) = 3x^2 - 1$ 在 $x = 2$ 处连续.

例 2 已知函数 $f(x) = \begin{cases} x^2 + 1, & x < 0 \\ 2x + b, & x \geq 0 \end{cases}$，在点 $x = 0$ 处连续，求 b 的值.

解　$\lim\limits_{x\to 0^-}f(x)=\lim\limits_{x\to 0^-}(x^2+1)=1$,

$\qquad\lim\limits_{x\to 0^+}f(x)=\lim\limits_{x\to 0^+}(2x+b)=b=f(0)$,

因为函数 $f(x)$ 在点 $x=0$ 处连续，则 $\lim\limits_{x\to 0^-}f(x)=\lim\limits_{x\to 0^+}f(x)=f(0)$,

即　$b=1$.

5. 函数间断点

函数 $f(x)$ 在点 x_0 处连续，要求满足下面三个条件：

(1) $f(x)$ 在点 x_0 处及附近有定义；

(2) $\lim\limits_{x\to x_0}f(x)$ 存在；

(3) $\lim\limits_{x\to x_0}f(x)=f(x_0)$.

这三个条件中任何一个不满足，就说函数 $f(x)$ 在点 x_0 处不连续，称点 x_0 是 $f(x)$ 的间断点或不连续点.

间断点通常分为两类：设 x_0 是 $f(x)$ 的间断点，如果 $f(x)$ 在 x_0 处的左、右极限都存在，则称 x_0 是 $f(x)$ 的第一类间断点；不是第一类间断点的间断点都称为第二类间断点. 第一类间断点又有两种情形：①左、右极限相等，即 $\lim\limits_{x\to x_0}f(x)$ 存在，此时称为可去间断点；②左、右极限不相等，称为跳跃间断点.

例 3　讨论函数 $f(x)=\begin{cases}x^2, & 0\le x\le 1 \\ x+1, & x>1\end{cases}$，在 $x=1$ 的连续性.

解　因为左极限 $\lim\limits_{x\to 1^-}f(x)=1$，右极限 $\lim\limits_{x\to 1^+}f(x)=2$，左极限 $\ne$ 右极限，所以 $x=1$ 是跳跃间断点.

例 4　讨论函数 $f(x)=\begin{cases}\dfrac{x^4}{x}, & x\ne 0 \\ 1, & x=0\end{cases}$，在 $x=0$ 处的连续性.

解　$\lim\limits_{x\to 0}f(x)=0$，而 $f(0)=1$，$\lim\limits_{x\to 0}f(x)\ne f(0)$，所以 $x=0$ 是可去间断点，通过修改该点处的函数值 $f(0)=0$，可以使函数在该点处变成连续的.

例 5　讨论函数 $f(x)=\dfrac{1}{1-x}$ 在 $x=1$ 处的连续性.

解　在 $x=1$ 处函数 $f(x)=\dfrac{1}{1-x}$ 无定义，所以 $x=1$ 是间断点，又因为 $\lim\limits_{x\to 1}f(x)=\infty$，所以 $x=1$ 是第二类间断点，并且是无穷间断点.

2.5.2　初等函数的连续性

1. 连续函数的四则运算

定理 1　设函数 $f(x)$ 和 $g(x)$ 在点 x_0 处连续，则 $f(x)\pm g(x)$，$f(x)g(x)$，$\dfrac{f(x)}{g(x)}(g(x)\ne 0)$ 在点 x_0 处连续.

2. 复合函数的连续性

定理 2　设函数 $y=f(u)$ 在点 u_0 处连续，$u=\varphi(x)$ 在点 x_0 处连续，且 $u_0=\varphi(x_0)$，则复合

函数 $y = f(\varphi(x))$ 在点 x_0 处连续.

定理 3 设复合函数 $y = f(\varphi(x))$ 在点 x_0 左右近旁有定义. 若函数 $u = \varphi(x)$ 当 $x \to x_0$ 时的极限存在，且 $\lim\limits_{x \to x_0} \varphi(x) = u_0$，而函数 $y = f(u)$ 在点 u_0 处连续，则复合函数 $y = f(\varphi(x))$ 当 $x \to x_0$ 时的极限存在，且

$$\lim\limits_{x \to x_0} f(\varphi(x)) = f(u_0) = f(\lim\limits_{x \to x_0} \varphi(x)).$$

注：在定理 3 的条件下，求复合函数 $y = f(\varphi(x))$ 的极限时，极限符号 $\lim$ 与函数符号 f 可以交换次序.

例 6 （1）求 $\lim\limits_{x \to 0} e^{\frac{\sin x}{x}}$；（2）求 $\lim\limits_{x \to \infty} \lg \dfrac{x^2 + 100}{100x^2 + 2}$.

解 （1）$\lim\limits_{x \to 0} e^{\frac{\sin x}{x}} = e^{\lim\limits_{x \to 0} \frac{\sin x}{x}} = e^1 = e$；

（2）$\lim\limits_{x \to \infty} \lg \dfrac{x^2 + 100}{100x^2 + 2} = \lg \lim\limits_{x \to \infty} \dfrac{x^2 + 100}{100x^2 + 2} = \lg \dfrac{1}{100} = -2$.

3. 初等函数的连续性

定理 4 基本初等函数在其定义区间内是连续的.

定理 5 一切初等函数在其定义区间内都是连续的.

注：这里"定义区间"是指包含在定义域内的区间，初等函数仅在其定义区间内连续，在其定义域内不一定连续.

例如函数 $y = \sqrt{x^2(x-1)^3}$ 的定义域为 $\{0\} \cup [1, +\infty)$，函数在点 0 附近没有定义，因而函数 y 在 0 点不连续，但函数在定义区间 $[1, +\infty)$ 上连续.

定理 5 的结论非常重要，因为微积分研究的对象主要是连续函数或分段连续函数. 而一般在应用中所遇到的函数基本上是初等函数，其连续性的条件总是满足的，从而使微积分具有强大的生命力和广阔的应用前景. 根据定理 5，求初等函数在其定义区间内趋向于某点 x_0 的极限，只需求该点的函数值，即 $\lim\limits_{x \to x_0} f(x) = f(x_0)$ （$x_0 \in$ 定义区间）.

例 7 （1）求 $\lim\limits_{x \to 0} \sqrt{1 - x^2}$；（2）求 $\lim\limits_{x \to \frac{\pi}{2}} \ln \sin x$；（3）求 $\lim\limits_{x \to 0} \dfrac{\sqrt{1 + x^2} - 1}{x}$.

解 （1）初等函数 $f(x) = \sqrt{1 - x^2}$ 在点 $x_0 = 0$ 处有定义，所以

$$\lim\limits_{x \to 0} \sqrt{1 - x^2} = \sqrt{1} = 1.$$

（2）初等函数 $f(x) = \ln \sin x$ 在点 $x_0 = \dfrac{\pi}{2}$ 处有定义，所以

$$\lim\limits_{x \to \frac{\pi}{2}} \ln \sin x = \ln \sin \dfrac{\pi}{2} = 0.$$

（3）$\lim\limits_{x \to 0} \dfrac{\sqrt{1 + x^2} - 1}{x} = \lim\limits_{x \to 0} \dfrac{(\sqrt{1 + x^2} - 1)(\sqrt{1 + x^2} + 1)}{x(\sqrt{1 + x^2} + 1)} = \lim\limits_{x \to 0} \dfrac{x}{\sqrt{1 + x^2} + 1} = 0.$

2.5.3 闭区间上连续函数的性质

下面介绍闭区间上连续函数的几个基本性质，我们借助几何图形直观地来解释.

1. 最值定理

如果函数 $f(x)$ 在闭区间 $[a, b]$ 上连续，那么 $f(x)$ 在 $[a, b]$ 上一定存在最大值和最小值，如图 2-5-2 所示.

需要注意的是：如果函数在开区间内连续，或者在闭区间上有间断点，那么函数在该区间上不一定取得最大值与最小值.

2. 介值定理

如果函数 $f(x)$ 在闭区间 $[a, b]$ 上连续，M 和 m 分别是 $f(x)$ 的最大值和最小值，则对于介于 m 和 M 之间的任意实数 μ，在 (a, b) 内至少有一点 ξ，使 $f(\xi) = \mu$，如图 2-5-3 所示.

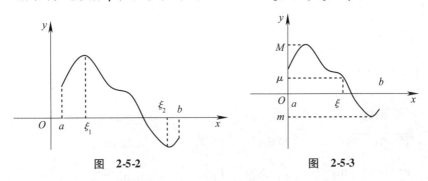

图 2-5-2   图 2-5-3

在几何图形上对介值定理的直观理解是，闭区间上的连续函数可以取到最大值和最小值之间的任何值. 由介值定理容易得到一个常用的推论：

3. 根的存在定理

如果 $f(x)$ 在闭区间 $[a, b]$ 上连续，且 $f(a)$ 与 $f(b)$ 异号，则在 (a, b) 内至少存在一点 ξ，使 $f(\xi) = 0$，即方程 $f(x) = 0$ 在 (a, b) 内至少存在一个实根 ξ，如图 2-5-4 所示.

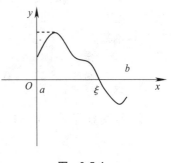

例 8 证明方程 $x^3 + 4x^2 - 3 = 0$ 在区间 $(0, 1)$ 内至少有一个实根.

证明 函数 $f(x) = x^3 + 4x^2 - 3$ 在闭区间 $[0, 1]$ 上连续，且 $f(0) = -3 < 0$，$f(1) = 2 > 0$. 由根的存在定理知，在 $(0, 1)$ 内至少有一个实根 ξ，使得 $\xi^3 + 4\xi^2 - 3 = 0$，也就是方程 $x^3 + 4x^2 - 3 = 0$ 在区间 $(0, 1)$ 内至少有一个实根.

图 2-5-4

习题 2.5

1. 求下列函数的增量.

(1) $y = x^2 - x$，当 $x = 1$，$\Delta x = 0.5$ 时；

(2) $y = 2\ln x$，当 $x = e^2$，$\Delta x = 0.01$ 时.

2. 求下列函数的连续性，并画出函数的图像.

(1) $y = 2x - 3$ 在 $x = 0$ 处；

(2) $y = \begin{cases} x^2 + 1, & -1 \leqslant x \leqslant 0 \\ x - 1, & x > 0 \end{cases}$，在 $x = -\dfrac{1}{2}$，$x = 0$，$x = 1$ 处；

$(3)\,y=\begin{cases}x-1, & x\leqslant 1\\ 2-x, & x>1\end{cases}$，在定义域内.

3. 求下列函数的连续区间，并求极限.

$(1)\,f(x)=\ln(3-x)$，并求$\lim\limits_{x\to 2}\ln(3-x)$；

$(2)\,f(x)=\sin2x+3$，并求$\lim\limits_{x\to\frac{\pi}{2}}(\sin2x+3)$.

4. 求下列函数的间断点，并说明其类型.

$(1)\,y=\dfrac{\sin3x}{x}$；$\qquad\qquad\qquad (2)\,y=\dfrac{x^2-1}{x^2-3x+2}$；

$(3)\,y=\begin{cases}\dfrac{1-x^2}{1-x}, & x\neq 1\\ 0, & x=1\end{cases}$；$\qquad (4)\,y=\dfrac{x}{(1-x)^3}$；

$(5)\,y=\begin{cases}\cos x, & 0\leqslant x\leqslant\pi,\\ x^2, & x>\pi.\end{cases}$

5. 求下列极限.

$(1)\,\lim\limits_{x\to 1}\sqrt{x^2+3x+5}$；$\quad (2)\,\lim\limits_{x\to 1}\dfrac{x^3-1}{2x}$；$\quad (3)\,\lim\limits_{x\to 0}\lg\cos x$；

$(4)\,\lim\limits_{x\to+\infty}\dfrac{\ln(1+x)-\ln x}{x}$；$\quad (5)\,\lim\limits_{t\to-2}\dfrac{e^t+1}{t}$；$\quad (6)\,\lim\limits_{x\to 0}\ln\dfrac{\sin x}{x}$.

6. 设$f(x)=\begin{cases}e^x, & 0\leqslant x\leqslant 1\\ a+x, & 1<x\leqslant 2\end{cases}$，问$a$为何值时，$f(x)$在$x=1$处连续？

7. 函数$f(x)=\begin{cases}|x|, & |x|\leqslant 1\\ \dfrac{-x}{|x|}, & 1<|x|\leqslant 3\end{cases}$，在其定义域内是否连续？并做出其图形.

8. 设$f(x)=\begin{cases}x^2-1, & 0\leqslant x\leqslant 1\\ x+3, & x>1\end{cases}$，指出$f(x)$的连续区间.

9. 证明方程$x^5-3x=1$在1与2之间至少有一个实根.

复习题 2

1. 选择题.

$(1)\,\lim\limits_{x\to\infty}\dfrac{\sin x}{x}=(\quad)$.

A. 1 $\qquad\qquad$ B. 0 $\qquad\qquad$ C. 2 $\qquad\qquad$ D. -1

(2)函数$f(x)=x\sin\dfrac{1}{x}$在点$x=0$处$(\quad)$.

A. 有定义且有极限 $\qquad\qquad$ B. 有定义但无极限

C. 无定义但有极限 $\qquad\qquad$ D. 无定义且无极限

2. 填空题.

(1)当$x\to x_0$时，$f(x)$的左右极限存在并且相等，是$\lim\limits_{x\to x_0}f(x)$存在的_____条件.

(2)设$F(x)=f_1(x)+f_2(x)$，$f_1(x)$与$f_2(x)$均在点$x=x_0$处连续，则$F(x)$在点$x=x_0$

处_____；如果 $f_1(x)$ 在点 $x = x_0$ 处连续，$f_2(x)$ 在点 $x = x_0$ 处间断，则 $F(x)$ 在点 $x = x_0$ 处_____.

3. 求下列极限.

$(1) \lim\limits_{x \to 1} \dfrac{2x^2 - 3}{x + 1}$;

$(2) \lim\limits_{x \to 3} \dfrac{x^2 - 9}{x^2 - 5x + 6}$;

$(3) \lim\limits_{x \to 1} \left(\dfrac{2}{1 - x^2} - \dfrac{1}{1 - x} \right)$;

$(4) \lim\limits_{x \to +\infty} \dfrac{\sqrt{5x} - 1}{\sqrt{x + 2}}$;

$(5) \lim\limits_{x \to 1} \dfrac{x^2 + 1}{x - 1}$;

$(6) \lim\limits_{x \to +\infty} \dfrac{x \sin x}{\sqrt{1 + x^3}}$;

$(7) \lim\limits_{x \to \infty} \left(1 + \dfrac{1}{x} \right)^{\frac{x}{2}}$;

$(8) \lim\limits_{x \to 0} \dfrac{1 - \cos x}{3x^2}$;

$(9) \lim\limits_{x \to 0} \dfrac{\tan 8x}{\sin 9x}$.

4. 设 $f(x) = \dfrac{1}{1 - 2^{\frac{x}{x-1}}}$，求 $\lim\limits_{x \to 0} f(x)$，$\lim\limits_{x \to 1} f(x)$.

5. 设 $f(x) = \begin{cases} e^{\frac{1}{x-1}}, & x > 0 \\ \ln(1 + x), & -1 < x \leqslant 0 \end{cases}$，求 $f(x)$ 的间断点，并说明其类型.

6. 设 $\lim\limits_{x \to \infty} \left(\dfrac{x^2 + 1}{x + 1} - ax - b \right) = 1$，试求常数 a 与 b 的值.

7. 证明方程 $\sin x + x + 1 = 0$ 在开区间 $\left(-\dfrac{\pi}{2}, \dfrac{\pi}{2} \right)$ 内至少有一个实根.

第3章 导数与微分

在科学研究和实际生活中,会遇到函数变化的快慢程度以及函数变化了多少的问题,如求物体运动的速度、曲线的切线问题,国民经济的发展问题,劳动生产率及函数增量的近似表达式等. 这就需要研究微分学中的两个重要的概念——导数与微分. 作为描述函数变化率的导数,准确地刻画了函数的变化动态,而微分则指明了当自变量发生微小变化时,函数大体变化多少. 所以,导数与微分成为研究函数的有力的工具.

3.1 导数的概念

3.1.1 概念的引入

◎ 案例1 变速直线运动的瞬时速度

设一质点做变速直线运动,若质点的运行路程 s 与运行时间 t 的关系为 $s = f(t)$,求质点在 t_0 时刻的"瞬时速度".

分析 如果质点做匀速直线运动,那就好办了,给一个时间的增量 Δt,那么质点在时刻 t_0 与时刻 $t_0 + \Delta t$ 间隔内的平均速度也就是质点在时刻 t_0 的"瞬时速度"

$$v_0 = \bar{v} = \frac{f(t_0 + \Delta t) - f(t_0)}{\Delta t}.$$

可我们要解决的问题没有这么简单,质点做变速直线运动,它的运行速度时刻都在发生变化,那该怎么办呢? 首先在时刻 t_0 任给一个时间增量 Δt,考虑质点由 t_0 到 $t_0 + \Delta t$ 这段时间的平均速度

$$\bar{v} = \frac{\Delta s}{\Delta t} = \frac{f(t_0 + \Delta t) - f(t_0)}{\Delta t},$$

当时间间隔 Δt 非常小时,其平均速度就可以近似地看作时刻 t_0 的瞬时速度. 用极限思想来解释就是:当 $\Delta t \to 0$,对平均速度取极限

$$\lim_{\Delta t \to 0} \frac{\Delta s}{\Delta t} = \lim_{\Delta t \to 0} \frac{f(t_0 + \Delta t) - f(t_0)}{\Delta t}.$$

如果这个极限存在的话,其极限值称为质点在时刻 t_0 的瞬时速度.

◎ 案例2 平面曲线切线的斜率

设 $y = f(x)$ 为 xOy 平面上的一条曲线,求该曲线在点 $P_0(x_0, y_0)$ 的切线的斜率,如图 3-1-1 所示.

首先,我们在中学内容的基础上对曲线的切线给出下面的定义:

对于曲线 C,设 P_0 为 C 上一定点,在该曲线 C 上任取一点 P,无论动点 P 沿曲线 C 以何

种方式无限趋近于定点 P_0 的时候，割线 P_0P 的极限位置 L_0 都存在，这个极限位置的直线 L_0 就称为曲线 C 过点 P_0 的切线.

根据上述切线定义，我们来考虑切线的斜率. 我们可以先求出割线 L 的斜率

$$K_{割} = \frac{f(x) - f(x_0)}{x - x_0}.$$

注意到，点 P 无限趋近于定点 P_0 等价于 $x \to x_0$，因此，曲线 C 过点 P_0 的切线的斜率为

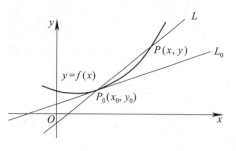

图　3-1-1

$$K_{切} = \lim_{x \to x_0} \frac{f(x) - f(x_0)}{x - x_0}.$$

如果令 $\Delta x = x - x_0$，那么 $x = x_0 + \Delta x$，并且 $x \to x_0 \Leftrightarrow \Delta x \to 0$，所以

$$K_{切} = \lim_{\Delta x \to 0} \frac{f(x_0 + \Delta x) - f(x_0)}{\Delta x}.$$

◈ 案例 3　经济函数边际问题

设产品的总成本 C 是产量 Q 的连续函数 $C = C(Q)$，其中 $Q > 0$. 如果产量由 Q_0 改变为 $Q_0 + \Delta Q$，则总成本取得相应的改变量为

$$\Delta C(Q) = C(Q_0 + \Delta Q) - C(Q_0),$$

而

$$\frac{\Delta C(Q)}{\Delta Q} = \frac{C(Q_0 + \Delta Q) - C(Q_0)}{\Delta Q},$$

表示产量由 Q_0 变为 $Q_0 + \Delta Q$ 时，即在区间 $[Q_0, Q_0 + \Delta Q]$ 上总成本对产量的平均变化率. ΔQ 越小，该平均变化率越接近产量为 Q_0 的瞬时变化率.

当 $\Delta Q \to 0$ 时，若总成本的平均变化率存在，即

$$\lim_{\Delta Q \to 0} \frac{\Delta C(Q)}{\Delta Q} = \lim_{\Delta Q \to 0} \frac{C(Q_0 + \Delta Q) - C(Q_0)}{\Delta Q}$$

存在，则该极限值表示产量为 Q_0 时总成本 C 对产量 Q_0 的变化率，又称为产量为 Q_0 时的边际成本.

边际成本表示在产量为 Q_0 时，每增加（或减少）单位产量所需增加（或减少）的成本.

类似的，可以用上面的极限形式定义边际收益、边际利润、边际需求等概念.

上面三个例子从各自的具体意义来说毫不相干，但把它们从具体意义抽象出来的话，问题都是求函数值的改变量与自变量的改变量之比，当自变量的改变量趋于零时的极限.

我们撇开它们具体的物理学、几何学上的意义，抽象出数学符号的概念来，即用数学语言描述的话，就是我们下面介绍的导数概念.

3.1.2　导数的基本概念

1. 函数在某一点的导数

定义 1　设函数 $y = f(x)$ 在点 x_0 的某邻域内有定义，当自变量 x 在 x_0 有一个改变量 Δx 时，相应的函数 $f(x)$ 在点 x_0 也有一个改变量 $\Delta y = f(x_0 + \Delta x) - f(x_0)$，若

$$\lim_{\Delta x \to 0} \frac{\Delta y}{\Delta x} = \lim_{\Delta x \to 0} \frac{f(x_0 + \Delta x) - f(x_0)}{\Delta x}$$

存在，则称函数 $f(x)$ **在点 x_0 处可导**，并称该极限值为函数 $f(x)$ 在点 x_0 处的**导数**，记作 $f'(x_0)$，$y'\big|_{x=x_0}$，$\dfrac{\mathrm{d}y}{\mathrm{d}x}\big|_{x=x_0}$ 或 $\dfrac{\mathrm{d}f(x)}{\mathrm{d}x}\big|_{x=x_0}$.

$$f'(x_0) = \lim_{\Delta x \to 0} \frac{f(x_0 + \Delta x) - f(x_0)}{\Delta x}. \tag{3-1}$$

因为 $x = x_0 + \Delta x$，$\Delta y = f(x_0 + \Delta x) - f(x_0)$，则式(3-1)可改写为

$$f'(x_0) = \lim_{x \to x_0} \frac{f(x) - f(x_0)}{x - x_0}. \tag{3-2}$$

由此可见，导数就是函数增量 Δy 与自变量增量 Δx 之比 $\dfrac{\Delta y}{\Delta x}$ 的极限. 一般地，我们称 $\dfrac{\Delta y}{\Delta x}$ 为函数关于自变量的平均变化率(又称差商)，所以导数 $f'(x_0)$ 为 $f(x)$ 在点 x_0 处关于 x 的变化率(在经济学中也称为边际).

若式(3-1)或式(3-2)极限不存在，则称 $f(x)$ 在点 x_0 处不可导.

注意：函数在某一定点的导数是一个数值.

例 1 求函数 $f(x) = x^2 + x$ 在点 $x_0 = 0$ 处的导数.

解 由定义 1 得

$$f'(0) = \lim_{\Delta x \to 0} \frac{f(0 + \Delta x) - f(0)}{\Delta x} = \lim_{\Delta x \to 0} \frac{(0 + \Delta x)^2 + (0 + \Delta x) - 0}{\Delta x} = \lim_{\Delta x \to 0} (\Delta x + 1) = 1.$$

2. 导函数

定义 2 设 M 为函数 $y = f(x)$ 所有可导点的集合，则对任意的 $x \in M$，存在唯一确定的数 $f'(x)$ 与之对应，这样就建立起来一个函数关系，我们称这个函数为 $y = f(x)$ 的**导函数**，记为 $f'(x)$，y'，$\dfrac{\mathrm{d}y}{\mathrm{d}x}$ 或 $\dfrac{\mathrm{d}f(x)}{\mathrm{d}x}$.

注：(1)求函数 $f(x)$ 在点 x_0 的导数，其实只要先求其导函数 $f'(x)$，然后将 $x = x_0$ 代入就可得到该点的导数值 $f'(x_0)$.

(2)虽然导数、导函数通常不加区别统称为导数，但读者心里要明白它们的概念是不同的.

(3)通常情况下，求函数的导数绝大多数是求其导函数.

例 2 求函数 $y = 2 + 5x - x^2$ 的导函数，并计算出 $f'(1)$，$f'(0)$.

解 按照定义 2 可得

$$f'(x) = \lim_{\Delta x \to 0} \frac{f(x + \Delta x) - f(x)}{\Delta x} = \lim_{\Delta x \to 0} \frac{2 + 5(x + \Delta x) - (x + \Delta x)^2 - 2 - 5x + x^2}{\Delta x}$$

$$= \lim_{\Delta x \to 0} \frac{5\Delta x - 2x\Delta x - (\Delta x)^2}{\Delta x} = \lim_{\Delta x \to 0} (5 - 2x - \Delta x) = 5 - 2x.$$

所以，$f'(1) = 3$，$f'(0) = 5$.

3. 左、右导数

回顾一下，在引入极限概念之后，接着引入了单侧极限的概念；介绍了连续函数的概念之后，进而引入了左、右连续的概念. 我们知道，导数是建立在极限的基础之上的，自然就

会提出是否也有类似于"左、右极限""左、右连续"的概念.

定义 3 设函数 $y = f(x)$ 在点 x_0 的某右邻域 $(x_0, x_0 + \delta)$ 内有定义，若

$$\lim_{\Delta x \to 0^+} \frac{\Delta y}{\Delta x} = \lim_{\Delta x \to 0^+} \frac{f(x_0 + \Delta x) - f(x_0)}{\Delta x}$$

存在，则称 $f(x)$ 在点 x_0 处右可导，该极限值称为 $f(x)$ 在点 x_0 处的**右导数**，记为 $f'_+(x_0)$，即

$$f'_+(x_0) = \lim_{\Delta x \to 0^+} \frac{f(x_0 + \Delta x) - f(x_0)}{\Delta x}.$$

类似的，可定义**左导数** $f'_-(x_0) = \lim_{\Delta x \to 0^-} \frac{f(x_0 + \Delta x) - f(x_0)}{\Delta x}$.

右导数和左导数统称为**单侧导数**. 根据左、右极限和极限的关系，我们可以得到下面的定理。

定理 1 若函数 $y = f(x)$ 在点 x_0 的某邻域内有定义，则 $f'(x_0)$ 存在的充要条件是 $f'_+(x_0)$ 与 $f'_-(x_0)$ 都存在，且 $f'_+(x_0) = f'_-(x_0)$.

例 3 设 $f(x) = \begin{cases} 1 + x, & x \geqslant 0 \\ 1 - x, & x < 0 \end{cases}$，讨论 $f(x)$ 在 $x_0 = 0$ 处是否可导.

解 因为 $\dfrac{f(0 + \Delta x) - f(0)}{\Delta x} = \begin{cases} 1, & \Delta x > 0, \\ -1, & \Delta x < 0, \end{cases}$

得 $f'_+(0) = \lim\limits_{\Delta x \to 0^+} \dfrac{f(0 + \Delta x) - f(0)}{\Delta x} = 1$，$f'_-(0) = \lim\limits_{\Delta x \to 0^-} \dfrac{f(0 + \Delta x) - f(0)}{\Delta x} = -1$，

则 $f'_+(0) \neq f'_-(0)$，

所以 $f(x)$ 在 $x_0 = 0$ 处不可导.

定义 4 若函数 $f(x)$ 在 (a, b) 内每一点都可导，则称函数 $f(x)$ 在开区间 (a, b) 内可导；若函数 $f(x)$ 在开区间 (a, b) 内可导，且在点 a 右可导，在点 b 左可导，则称函数 $f(x)$ 在闭区间 $[a, b]$ 上可导.

3.1.3 利用导数的定义求导数

根据导数的定义，我们可以把导数的计算分为以下三个步骤：

(1) 求增量　$\Delta y = f(x + \Delta x) - f(x)$；

(2) 算比值　$\dfrac{\Delta y}{\Delta x} = \dfrac{f(x + \Delta x) - f(x)}{\Delta x}$；

(3) 求极限　$y' = \lim\limits_{\Delta x \to 0} \dfrac{\Delta y}{\Delta x}$.

下面我们利用导数的定义计算一些基本初等函数的导数，这些结论都是作为最基本的公式，学习过程中必须达到熟记的程度.

例 4 设 $f(x) = C$（C 为常数），求 $f'(x)$.

解 因为 $\dfrac{f(x + \Delta x) - f(x)}{\Delta x} = \dfrac{C - C}{\Delta x} = 0$，

所以 $f'(x) = \lim\limits_{\Delta x \to 0} \dfrac{f(x + \Delta x) - f(x)}{\Delta x} = \lim\limits_{\Delta x \to 0} 0 = 0$.

例 5 设幂函数 $f(x) = x^3$，求 $f'(x)$.

解 因为 $\dfrac{f(x+\Delta x)-f(x)}{\Delta x}=\dfrac{(x+\Delta x)^3-x^3}{\Delta x}$

$$=\dfrac{3x^2\Delta x+3x\,(\Delta x)^2+(\Delta x)^3}{\Delta x}$$

$$=3x^2+3x\cdot\Delta x+(\Delta x)^2,$$

所以 $f'(x)=\lim\limits_{\Delta x\to 0}\dfrac{f(x+\Delta x)-f(x)}{\Delta x}=\lim\limits_{\Delta x\to 0}\big[3x^2+3x\cdot\Delta x+(\Delta x)^2\big]$

$$=3x^2.$$

更一般的幂函数 $y=x^\alpha$，我们也可以求出其导数为

$$(x^\alpha)'=\alpha x^{\alpha-1}.$$

利用导数定义得到导数的基本公式1：

(1) $(C)'=0$（C 为常数）；

(2) $(x^\alpha)'=\alpha x^{\alpha-1}(\alpha\in\mathbf{R})$；

(3) $(a^x)'=a^x\ln a(a>0$ 且 $a\neq 1)$；

(4) $(\mathrm{e}^x)'=\mathrm{e}^x$；

(5) $(\log_a x)'=\dfrac{1}{x\ln a}$ $(a>0$ 且 $a\neq 1)$；

(6) $(\ln x)'=\dfrac{1}{x}$；

(7) $(\sin x)'=\cos x$；

(8) $(\cos x)'=-\sin x$.

3.1.4 导数的几种实际意义

1. 物理意义

由本节案例1可知，变速运动的质点在某一时刻 t_0 的瞬时速度，就是路程关于时间的函数 $s=s(t)$ 在 t_0 这一时刻的导数，即

$$\lim\limits_{\Delta t\to 0}\dfrac{\Delta s(t)}{\Delta t}=\lim\limits_{\Delta t\to 0}\dfrac{s(t_0+\Delta t)-s(t_0)}{\Delta t}=s'(t_0).$$

2. 几何意义

由本节案例2可知，若函数 $y=f(x)$ 在点 x_0 处可导，则其导数 $f'(x_0)$ 在数值上就等于曲线 $y=f(x)$ 在点 $(x_0,f(x_0))$ 处切线的斜率.

由此可推出：若 $f'(x_0)=0$，此时曲线 $y=f(x)$ 过点 P_0 处的切线平行于 x 轴；若 $f'(x_0)=\pm\infty$，此时曲线 $y=f(x)$ 过点 P_0 处的切线垂直于 x 轴.

由导数的几何意义，可以得到曲线在点 $(x_0,f(x_0))$ 的切线与法线方程，所以曲线在 P_0 (x_0,y_0) 的切线方程为

$$y-y_0=f'(x_0)(x-x_0).$$

大家都知道，曲线 $y=f(x)$ 在点 $P_0(x_0,y_0)$ 处的法线是过此点且与切线垂直的直线，所以它的斜率为 $-\dfrac{1}{f'(x_0)}$ $(f'(x_0)\neq 0)$，所以曲线在 $P_0(x_0,y_0)$ 的法线方程为

$$y-y_0=-\dfrac{1}{f'(x_0)}(x-x_0).$$

当 $f'(x_0)=0$ 时，法线方程为 $x=x_0$；当 $f'(x_0)=\pm\infty$ 时，法线方程为：$y=y_0$.

例6 求曲线 $y=x^2$ 在点 $(2,4)$ 处的切线方程及法线方程.

解 由例5可知 $y'=2x$，所以 $y'|_{x=2}=4$，所以，

所求切线方程为 $y-4=4(x-2)$，即 $4x-y-4=0$.

所求法线方程为 $y - 4 = -\dfrac{1}{4}(x - 2)$，即 $x + 4y - 18 = 0$.

3. 经济意义

由本节案例 3 可知，边际成本就是总成本函数 $C = C(Q)$ 对产量 Q 的导数，即

$$\lim_{\Delta Q \to 0} \frac{\Delta C(Q)}{\Delta Q} = \lim_{\Delta Q \to 0} \frac{C(Q_0 + \Delta Q) - C(Q_0)}{\Delta Q} = C'(Q_0).$$

类似的，边际收益、边际利润、边际需求就是收益函数、利润函数、需求函数对其相对应变量的导数.

例 7 一种茶饮料的总成本函数为 $C(x) = 1100 + \dfrac{x^2}{1200}$，其中 x 为产量，求：

(1)生产 900 瓶茶饮料的总成本与平均成本；

(2)生产 900 瓶到 1000 瓶茶饮料的总成本的平均变化率；

(3)生产 900 瓶茶饮料的边际成本.

解 (1)总成本：$C(900) = 1100 + \dfrac{900^2}{1200} = 1775(元)$，

平均成本：$\overline{C(900)} = \dfrac{C(900)}{900} \approx 1.97(元/瓶)$；

(2)总成本的平均变化率：$\dfrac{\Delta C}{\Delta x} = \dfrac{C(1000) - C(900)}{1000 - 900} = \dfrac{1933 - 1775}{100} = 1.58(元/瓶)$；

(3)边际成本：$C'(900) = \lim\limits_{\Delta x \to 0} \dfrac{C(900 + \Delta x) - C(900)}{\Delta x}$

$$= \lim_{\Delta x \to 0} \frac{\left(1100 + \dfrac{(900 + \Delta x)^2}{1200}\right) - \left(1100 + \dfrac{900^2}{1200}\right)}{\Delta x}$$

$$= \lim_{\Delta x \to 0} \left(1.5 + \frac{\Delta x}{1200}\right) = 1.5(元/瓶).$$

3.1.5 可导与连续的关系

定理 2 若函数 $f(x)$ 在点 x_0 处可导，则它在点 x_0 处必连续.

证明 设函数 $f(x)$ 在点 x_0 处可导，设自变量 x 在点 x_0 处有一改变量 Δx，函数相应地有一改变量 Δy，由导数的定义可得

$$\lim_{\Delta x \to 0} \frac{\Delta y}{\Delta x} = \lim_{\Delta x \to 0} \frac{f(x_0 + \Delta x) - f(x_0)}{\Delta x} = f'(x_0),$$

所以 $\qquad \lim\limits_{\Delta x \to 0} \Delta y = \lim\limits_{\Delta x \to 0}\left(\dfrac{\Delta y}{\Delta x} \cdot \Delta x\right) = \lim\limits_{\Delta x \to 0} \dfrac{\Delta y}{\Delta x} \cdot \lim\limits_{\Delta x \to 0} \Delta x = f'(x_0) \cdot 0 = 0.$

所以 $f(x)$ 在点 x_0 处连续.

由这个结论可知连续是可导的必要条件，但不是充分条件. 下面我们通过例子说明连续不一定可导.

例 8 设函数 $f(x) = |x| = \begin{cases} x, & x \geq 0 \\ -x, & x < 0 \end{cases}$，讨论其在 $x = 0$ 处的连续性和可导性.

解 因为 $\lim\limits_{x \to 0^-} f(x) = \lim\limits_{x \to 0^-}(-x) = \lim\limits_{x \to 0^+} x = \lim\limits_{x \to 0^+} f(x) = 0 = f(0)$，所以 $f(x)$ 在 $x = 0$ 处连续. 又

因为

$$f'_-(0) = \lim_{\Delta x \to 0^-} \frac{f(0 + \Delta x) - f(0)}{\Delta x} = \lim_{\Delta x \to 0^-} \frac{-\Delta x - 0}{\Delta x} = -1,$$

$$f'_+(0) \lim_{\Delta x \to 0^+} \frac{f(0 + \Delta x) - f(0)}{\Delta x} = \lim_{\Delta x \to 0^-} \frac{\Delta x - 0}{\Delta x} = 1,$$

$f'_-(0) \neq f'_+(0)$，所以 $f(x)$ 在 $x = 0$ 处不可导.

习题 3.1

1. 填空题.

(1)设 $y = e^3$，则 $y' = $ _____.

(2)设 $y = \sin x$，则 $f'(x) = $ _____，$f'\left(\dfrac{\pi}{2}\right) = $ _____.

(3)设 $y = \ln x$，则 $f'(x) = $ _____，$f'(2) = $ _____.

2. 求下列函数的导数.

$(1) y = x^4$；　　　　$(2) y = \sqrt[3]{x^2}$；　　　　$(3) y = x^{1.6}$；　　　　$(4) y = \dfrac{1}{\sqrt{x}}$；

$(5) y = \dfrac{1}{x^3}$；　　　$(6) y = x^3 \sqrt[5]{x}$；　　　$(7) y = \dfrac{x^2 \sqrt[3]{x^2}}{\sqrt{x^5}}$；　　　$(8) y = \log_5 x$.

3. 求曲线 $y = \cos x$ 上点 $\left(\dfrac{\pi}{3}, \dfrac{1}{2}\right)$ 处的切线方程.

4. 求曲线 $y = e^x$ 在点 $(0, 1)$ 处的切线方程和法线方程.

5. 求曲线 $y = \sqrt{x}$ 在 $x = 4$ 处的切线方程和法线方程.

6. 求曲线 $y = x^2$ 上哪一点的切线，与曲线 $y = \ln x$ 在 $x = 2$ 处的切线平行.

7. 讨论函数 $f(x) = \begin{cases} x^2, & x \geq 0 \\ -x, & x < 0 \end{cases}$，在 $x = 0$ 处的连续性与可导性.

3.2　导数的运算与求导法则

3.2.1　函数的和、差、积、商的求导法则

法则1　设函数 $u(x)$ 和 $v(x)$ 均在点 x 处可导，则函数 $u(x) \pm v(x)$ 在点 x 处也可导，并且

$$[u(x) \pm v(x)]' = u'(x) \pm v'(x).$$

特殊的，

$$[u(x) + C]' = u'(x)（C \text{ 为常数}）.$$

这个法则对于有限个可导函数的和(差)也成立. 例如：

$$[u(x) + v(x) - w(x)]' = u'(x) + v'(x) - w'(x).$$

法则2　设函数 $u(x)$ 和 $v(x)$ 均在点 x 处可导，则函数 $u(x)v(x)$ 在点 x 处也可导，并且

$$[u(x) \cdot v(x)]' = u'(x) \cdot v(x) + u(x) \cdot v'(x).$$

特殊的，

$$[C \cdot u(x)]' = C \cdot u'(x)　（C \text{ 为常数}）.$$

上面的公式对于有限多个可导函数的积也成立. 例如:

$$(u(x)v(x)w(x))' = u'(x)v(x)w(x) + u(x)v'(x)w(x) + u(x)v(x)w'(x).$$

法则 3 设函数 $u(x)$ 和 $v(x)$ 均在点 x 处可导, 并且 $v(x) \neq 0$, 则函数 $\dfrac{u(x)}{v(x)}$ 在点 x 处也可导, 并且

$$\left(\frac{u(x)}{v(x)}\right)' = \frac{u'(x)v(x) - u(x)v'(x)}{v^2(x)}.$$

特殊的,

$$\left(\frac{1}{v(x)}\right)' = -\frac{v'(x)}{v^2(x)}.$$

例 1 已知 $f(x) = x^3 + 4\cos x + \sin \dfrac{\pi}{2}$, 求 $f'(x)$.

解 $f'(x) = (x^3)' + 4(\cos x)' + \left(\sin \dfrac{\pi}{2}\right)' = 3x^2 - 4\sin x.$

例 2 设 $y = 2\arcsin x + \arccos x - 10^x$, 求 y'.

解 $y' = 2 \cdot \dfrac{1}{\sqrt{1-x^2}} - \dfrac{1}{\sqrt{1-x^2}} - 10^x \ln 10 = \dfrac{1}{\sqrt{1-x^2}} - 10^x \ln 10.$

例 3 求函数 $y = x^2 \ln x$ 的导数.

解 $y' = (x^2)' \ln x + x^2 (\ln x)' = 2x\ln x + x^2 \cdot \dfrac{1}{x} = 2x\ln x + x.$

例 4 设 $f(x) = \dfrac{x\sin x}{1 + \cos x}$, 求 $f'\left(\dfrac{\pi}{2}\right)$.

解 $f'(x) = \dfrac{(x\sin x)'(1 + \cos x) - x\sin x (1 + \cos x)'}{(1 + \cos x)^2}$

$$= \frac{[(x)'\sin x + x(\sin x)'](1 + \cos x) - x\sin x(-\sin x)}{(1 + \cos x)^2}$$

$$= \frac{(\sin x + x\cos x)(1 + \cos x) + x\sin^2 x}{(1 + \cos x)^2}$$

$$= \frac{x + \sin x}{1 + \cos x}.$$

$$f'\left(\frac{\pi}{2}\right) = \frac{\dfrac{\pi}{2} + \sin \dfrac{\pi}{2}}{1 + \cos \dfrac{\pi}{2}} = \frac{\pi}{2} + 1.$$

例 5 设 $y = \tan x$, 求 y'.

解 $y' = (\tan x)' = \left(\dfrac{\sin x}{\cos x}\right)' = \dfrac{\cos^2 x + \sin^2 x}{\cos^2 x} = \dfrac{1}{\cos^2 x} = \sec^2 x.$

可以把**法则** 1 ~ 3 叙述为:

(1) 两个可导函数的和(差)的导数等于这两个函数的导数之和(差);

(2) 两个可导函数乘积的导数等于第一个因子的导数与第二个因子的乘积加上第一个因子与第二个因子的导数的乘积;

（3）两个可导函数之商的导数等于分子函数的导数乘分母函数减去分子函数乘分母函数的导数，再除以分母函数的平方.

利用已有的基本公式与求导四则运算，可以解决一部分初等函数的直接求导问题，但我们所遇到的初等函数往往是较为复杂的复合函数，为此我们还需要介绍一些特殊的求导法则和技巧.

3.2.2　反函数的导数

法则 4　如果函数 $x = \varphi(y)$ 在某区间 I_y 内单调、可导，且 $\varphi'(y) \neq 0$，那么它的反函数 $y = f(x)$ 在对应的区间 I_x 内也可导，并且有 $f'(x) = \dfrac{1}{\varphi'(y)}$．反函数的导数等于直接函数导数的倒数.

例 6　设 $y = \arcsin x$，求 y'.

解　设 $x = \sin y$，$y \in \left[-\dfrac{\pi}{2}, \dfrac{\pi}{2} \right]$ 为直接函数，则 $y = \arcsin x$ 是它的反函数. 函数 $x = \sin y$ 在开区间 $\left(-\dfrac{\pi}{2}, \dfrac{\pi}{2} \right)$ 内单调、可导，且

$$(\sin y)' = \cos y,$$

因此，由反函数的求导法则，在对应区间内有

$$(\arcsin x)' = \frac{1}{(\sin y)'} = \frac{1}{\cos y} = \frac{1}{\sqrt{1 - \sin^2 y}} = \frac{1}{\sqrt{1 - x^2}}.$$

类似的，有 $(\arccos x)' = -\dfrac{1}{\sqrt{1 - x^2}}$．

利用反函数求导法则得到导数的基本公式 2：

（9）$(\tan x)' = \sec^2 x$；　　　　　　　　（10）$(\cot x)' = -\csc^2 x$；

（11）$(\sec x)' = \sec x \cdot \tan x$；　　　　　（12）$(\csc x)' = -\csc x \cdot \cot x$；

（13）$(\arcsin x)' = \dfrac{1}{\sqrt{1 - x^2}}$，$x \in (-1, 1)$；

（14）$(\arccos x)' = -\dfrac{1}{\sqrt{1 - x^2}}$，$x \in (-1, 1)$；

（15）$(\arctan x)' = \dfrac{1}{1 + x^2}$，$x \in \mathbf{R}$；　　　　（16）$(\text{arccot} x)' = -\dfrac{1}{1 + x^2}$，$x \in \mathbf{R}$.

3.2.3　复合函数的求导法则

我们来研究函数 $y = \sin 2x$ 的导数. 由于 $y = \sin 2x = 2\sin x \cos x$，所以
$$y' = 2\left[(\sin x)' \cos x + \sin x (\cos x)' \right] = 2(\cos^2 x - \sin^2 x) = 2\cos 2x.$$

显然 $(\sin 2x)' = \cos 2x$ 是错误的，发生错误的原因是 $y = \sin 2x$ 是由 $y = \sin u$ 和 $u = 2x$ 组成的复合函数，不能直接应用正弦函数的导数公式.

下面介绍复合函数的求导法则.

法则 5　如果函数 $u = \varphi(x)$ 在点 x 处可导，而函数 $y = f(u)$ 在对应的点 u 处可导，那么复合函数 $y = f(\varphi(x))$ 在点 x 处可导，且

$$\frac{\mathrm{d}y}{\mathrm{d}x} = \frac{\mathrm{d}y}{\mathrm{d}u} \cdot \frac{\mathrm{d}u}{\mathrm{d}x},$$

或

$$y' = f'(u)\varphi'(x).$$

即 y 对自变量 x 的导数 y' 等于 y 对中间变量 u 的导数 $f'(u)$ 乘以中间变量 u 对自变量 x 的导数 $\varphi'(x)$.

复合函数的求导法则又称为链式法则，它可以推广到多个中间变量的情形．我们以两个中间变量为例，设 $y = f(u)$，$u = \varphi(v)$，$v = \psi(x)$，则复合函数 $y = f(\varphi(\psi(x)))$ 的导数为

$$\frac{\mathrm{d}y}{\mathrm{d}x} = \frac{\mathrm{d}y}{\mathrm{d}u} \cdot \frac{\mathrm{d}u}{\mathrm{d}v} \cdot \frac{\mathrm{d}v}{\mathrm{d}x}.$$

当然，这里假定上式右端所出现的导数在相应点处都存在．

例 7　求下列函数的导数.

(1) $y = \sqrt[3]{2x^2 - 5}$ ；　　　　　　　　　(2) $y = \mathrm{e}^{x^2}$ ；

(3) $y = \ln\tan x$ ；　　　　　　　　　(4) $y = \cos\dfrac{x^2}{5+x}$.

解　(1) $y = \sqrt[3]{2x^2 - 5}$ 由 $y = \sqrt[3]{u}$ 和 $u = 2x^2 - 5$ 复合而成，因此

$$y' = (\sqrt[3]{u})' \cdot (2x^2 - 5)' = \frac{1}{3}u^{-\frac{2}{3}} \cdot 4x = \frac{1}{3}(2x^2 - 5)^{-\frac{2}{3}} \cdot 4x = \frac{4x}{3}(2x^2 - 5)^{-\frac{2}{3}}.$$

(2) $y = \mathrm{e}^{x^2}$ 由 $y = \mathrm{e}^u$ 和 $u = x^2$ 复合而成，因此

$$y' = (\mathrm{e}^u)'(x^2)' = \mathrm{e}^u \cdot 2x = 2x\mathrm{e}^{x^2}.$$

(3) $y = \ln\tan x$ 由 $y = \ln u$ 和 $u = \tan x$ 复合而成，因此

$$\frac{\mathrm{d}y}{\mathrm{d}x} = \frac{\mathrm{d}y}{\mathrm{d}u} \cdot \frac{\mathrm{d}u}{\mathrm{d}x} = \frac{1}{u} \cdot \sec^2 x = \frac{1}{\tan x} \cdot \sec^2 x = \frac{1}{\sin x\cos x} = 2\csc 2x.$$

(4) $y = \cos\dfrac{x^2}{5+x}$ 由 $y = \cos u$ 和 $u = \dfrac{x^2}{5+x}$ 复合而成，因此

$$\frac{\mathrm{d}y}{\mathrm{d}x} = \frac{\mathrm{d}y}{\mathrm{d}u} \cdot \frac{\mathrm{d}u}{\mathrm{d}x} = -\sin u \cdot \frac{10x + x^2}{(5+x)^2} = -\frac{10x + x^2}{(5+x)^2} \cdot \sin\frac{x^2}{5+x}.$$

在求复合函数的导数比较熟练后，一般不写出中间变量，而是直接求导.

例 8　设 $y = \ln(1 + x^2)$，求 y'.

解　$y' = [\ln(1 + x^2)]' = \dfrac{1}{1 + x^2}(1 + x^2)' = \dfrac{2x}{1 + x^2}.$

例 9　设 $y = \ln\sin 2x$，求 y'.

解　$y' = (\ln\sin 2x)' = \dfrac{1}{\sin 2x}(\sin 2x)' = \dfrac{1}{\sin 2x} \cdot \cos 2x \cdot (2x)'$

$$= \frac{1}{\sin 2x} \cdot \cos 2x \cdot 2 = 2\cot 2x.$$

例 10　设 $y = \arctan\dfrac{x+1}{x-1}$，求 y'.

解　$y' = \left(\arctan\dfrac{x+1}{x-1}\right)' = \dfrac{1}{1 + \left(\dfrac{x+1}{x-1}\right)^2} \cdot \left(\dfrac{x+1}{x-1}\right)' = -\dfrac{1}{1 + x^2}.$

通过以上的分析和讨论，现小结如下：

Ⅰ 基本求导法则：

(1) $(u \pm v)' = u' \pm v'$；

(2) $(uv)' = u'v + uv'$，　　　　$(Cu)' = Cu'$（C 为常数）；

(3) $\left(\dfrac{u}{v}\right)' = \dfrac{u'v - uv'}{v^2}$，　　　　$\left(\dfrac{1}{v}\right)' = -\dfrac{v'}{v^2}$；

(4) 反函数的导数：$\dfrac{\mathrm{d}y}{\mathrm{d}x} = \dfrac{1}{\dfrac{\mathrm{d}x}{\mathrm{d}y}}$（反函数的导数等于直接函数导数的倒数）；

(5) 复合函数的导数：$\dfrac{\mathrm{d}y}{\mathrm{d}x} = \dfrac{\mathrm{d}y}{\mathrm{d}u} \cdot \dfrac{\mathrm{d}u}{\mathrm{d}x}$，其中 $y = f(u)$，$u = g(x)$ 分别可导.

Ⅱ 基本初等函数的导数公式：

(1) $C' = 0$（C 为常数）；

(2) $(x^{\alpha})' = \alpha x^{\alpha-1}$（其中 $\alpha \in \mathbf{R}$）；

(3) $(\sin x)' = \cos x$，$(\cos x)' = -\sin x$；

(4) $(\tan x)' = \sec^2 x$，$(\cot x)' = -\csc^2 x$；

(5) $(\sec x)' = \sec x \cdot \tan x$，$(\csc x)' = -\csc x \cdot \cot x$；

(6) $(a^x)' = a^x \ln a$（$a > 0$，$a \neq 1$），特别 $(\mathrm{e}^x)' = \mathrm{e}^x$；

(7) $(\log_a x)' = \dfrac{1}{x \ln a}$（$a > 0$，$a \neq 1$），特别 $(\ln x)' = \dfrac{1}{x}$；

(8) $(\arcsin x)' = \dfrac{1}{\sqrt{1 - x^2}}$，$x \in (-1, 1)$，$(\arccos x)' = -\dfrac{1}{\sqrt{1 - x^2}}$，$x \in (-1, 1)$；

(9) $(\arctan x)' = \dfrac{1}{1 + x^2}$，$x \in \mathbf{R}$，$(\operatorname{arccot} x)' = -\dfrac{1}{1 + x^2}$，$x \in \mathbf{R}$.

习题 3.2

1. 求下列函数在指定点的导数.

(1) $y = (2x - 3)^2$，$x = 2$；　　　(2) $y = \cos(2x - 1)$，$x = 0$.

2. 求下列函数的导数.

(1) $y = 2x^2 + 3\sqrt{x} - \sqrt{2}$；　　　(2) $y = x^5 + 2\cos x - 3\ln x + \sin 5$；

(3) $y = \sqrt{x}\sin x$；　　　(4) $y = \dfrac{x^2 - 1}{x^2 + 1}$；

(5) $y = \cos x \sin x$；　　　(6) $s = \dfrac{\sin t + 1}{\cos t + 1}$；

(7) $y = \cos 2x - 2\sin x$；　　　(8) $y = \sin(x + x^2)$；

(9) $y = \ln\ln x$；　　　(10) $y = \arccos\sqrt{1 - x^2}$；

(11) $y = \operatorname{arccot}(2x)$；　　　(12) $y = \left(x - \dfrac{1}{x}\right)^2$；

(13) $y = 2\cos(3x^2 + 1)$；　　　(14) $y = \arctan x - \dfrac{1}{2}\ln(1 + x^2)$.

3. 求下列函数在给定点的导数.

（1）$y = \sin x + 3\cos 2x$，求 $y'\,\Big|_{x=\frac{\pi}{6}}$；

（2）$f(x) = \dfrac{1-\sqrt{x}}{1+\sqrt{x}}$，求 $f'(4)$.

3.3　高阶导数

3.3.1　高阶导数的概念

一般来说，函数 $y = f(x)$ 的导数 $y' = f'(x)$ 仍然是 x 的函数，有时可以对 x 再求导数. 把 $y' = f'(x)$ 的导数称为函数 $y = f(x)$ 的**二阶导数**，记作

$$y'', \quad f''(x) \ \text{或} \ \frac{\mathrm{d}^2 y}{\mathrm{d}x^2},$$

即

$$y'' = (y')', \quad f''(x) = [f'(x)]', \quad \frac{\mathrm{d}^2 y}{\mathrm{d}x^2} = \frac{\mathrm{d}}{\mathrm{d}x}\left(\frac{\mathrm{d}y}{\mathrm{d}x}\right).$$

相应地，把 $y = f(x)$ 的导数 $f'(x)$ 称为函数 $y = f(x)$ 的**一阶导数**.

类似的，函数 $y = f(x)$ 的二阶导数的导数称为 $y = f(x)$ 的**三阶导数**，三阶导数的导数称为**四阶导数**，…. 一般地，$y = f(x)$ 的 $n-1$ 阶导数的导数称为 $y = f(x)$ 的 n **阶导数**. 它们分别记作

$$y''', \quad y^{(4)}, \quad \cdots, \quad y^{(n)},$$
$$f'''(x), \quad f^{(4)}(x), \quad \cdots, \quad f^{(n)}(x),$$
$$\frac{\mathrm{d}^3 y}{\mathrm{d}x^3}, \quad \frac{\mathrm{d}^4 y}{\mathrm{d}x^4}, \quad \cdots, \quad \frac{\mathrm{d}^n y}{\mathrm{d}x^n}.$$

二阶及二阶以上的导数统称为**高阶导数**.

函数 $f(x)$ 在点 x_0 的 n 阶导数记为

$$f^{(n)}(x_0), \quad y^{(n)}\,\Big|_{x=x_0}, \quad \frac{\mathrm{d}^n y}{\mathrm{d}x^n}\,\Big|_{x=x_0} \ \text{或} \ \frac{\mathrm{d}^n f(x)}{\mathrm{d}x^n}\,\Big|_{x=x_0}.$$

3.3.2　高阶导数的计算

由此可见，求高阶导数就是多次接连地求导数，所以仍可应用前面学过的求导方法来计算高阶导数.

例1　求 $y = x^4 - 2x^3 + 5x^2 + 2x - 9$ 的二阶和三阶导数.

解　$y' = 4x^3 - 6x^2 + 10x + 2$，
　　　$y'' = 12x^2 - 12x + 10$，
　　　$y''' = 24x - 12$.

例2　设 $f(x) = 2x\ln x$，求 $f''(1)$.

解　因为 $f'(x) = 2\big[(x)'\ln x + x(\ln x)'\big] = 2\left(\ln x + x \cdot \dfrac{1}{x}\right) = 2(\ln x + 1)$，

$$f''(x) = 2\left(\frac{1}{x}\right) = \frac{2}{x},$$

所以
$$f''(1) = \frac{2}{x}\Big|_{x=1} = 2.$$

下面介绍几个初等函数的 n 阶导数.

例 3 求函数 $y = e^x$ 的 n 阶导数.

解 $y' = e^x$, $y'' = e^x$, $y''' = e^x$, 显然对任意正整数 n, 有
$$y^{(n)} = e^x.$$

例 4 求 $y = \sin x$ 的 n 阶导数.

解 $y' = \cos x = \sin\left(\frac{1 \cdot \pi}{2} + x\right)$, $y'' = -\sin x = \sin\left(\frac{2 \cdot \pi}{2} + x\right)$,

$y''' = -\cos x = \sin\left(\frac{3 \cdot \pi}{2} + x\right)$, $y^{(4)} = \sin x = \sin\left(\frac{4 \cdot \pi}{2} + x\right)$,

$y^{(5)} = -\cos x = \sin\left(\frac{5 \cdot \pi}{2} + x\right)$, 一般地, 对任意正整数 n, 有

$$y^{(n)} = \sin\left(\frac{n \cdot \pi}{2} + x\right).$$

同理可得 $(\cos x)^{(n)} = \cos\left(\frac{n\pi}{2} + x\right)$.

求 n 阶导数时, 通常的方法是先求出一阶导数、二阶导数、三阶导数、四阶导数等, 然后仔细观察得出规律, 归纳出 n 阶导数的表达式, 因此, 求 n 阶导数的关键在于从各阶导数中寻找共同的规律.

例 5 求函数 $y = \ln x$ 的 n 阶导数.

解 $y' = \frac{1}{x} = (-1)^0 \frac{1}{x}$, $y'' = -\frac{1}{x^2} = (-1)^1 \frac{1}{x^2}$, $y''' = \frac{2}{x^3} = (-1)^2 \frac{2!}{x^3}$, $y^{(4)} = (-1)^3 \frac{3!}{x^4}$,

一般地, 对任意正整数 n, 有

$$y^{(n)} = (-1)^{n-1} \frac{(n-1)!}{x^n}.$$

例 6 求 n 次多项式 $y = a_0 x^n + a_1 x^{n-1} + \cdots + a_n$ 的各阶导数.

解 $y' = na_0 x^{n-1} + (n-1)a_1 x^{n-2} + \cdots + a_{n-1}$,

$y'' = n(n-1)a_0 x^{n-2} + (n-1)(n-2)a_1 x^{n-3} + \cdots + 2a_{n-2}$,

$$\vdots$$

$y^{(n)} = a_0 n(n-1)(n-2)\cdots 2 \cdot 1 = a_0 n!$,

$y^{(n+1)} = y^{(n+2)} = \cdots = 0$.

这就是说, n 次多项式的一切高于 n 阶的导数都为 0.

常用的几个函数的 n 阶导数公式列出如下:

$(1)\,(e^x)^{(n)} = e^x$;

$(2)\,(\sin x)^{(n)} = \sin\left(\frac{n\pi}{2} + x\right)$;

$(3)\,(\cos x)^{(n)} = \cos\left(\frac{n\pi}{2} + x\right)$;

$(4)\,(\ln x)^{(n)} = (-1)^{n-1} \dfrac{(n-1)!}{x^n}$(通常规定: $0! = 1$, 所以这个公式当 $n = 1$ 时也成立);

$(5)(x^{\alpha})^{(n)} = \alpha(\alpha-1)\cdots(\alpha-n+1)x^{\alpha-n}.$

习题 3. 3

1. 求下列函数的二阶导数.

$(1) y = x^4 - \sqrt{x}$;　　　　　　$(2) y = 2x^2 + \ln x$;

$(3) y = \cos 5x$;　　　　　　　　$(4) y = (2x-1)^5$;

$(5) y = e^{2x-1}$;　　　　　　　　$(6) y = x\cos x$;

$(7) y = e^{-t}\sin t$;　　　　　　　$(8) y = \ln(1-x^2)$;

$(9) y = \tan x$;　　　　　　　　$(10) y = xe^{x^2}.$

2. 推导下列高阶导数公式.

$(1)(\cos x)^{(n)} = \cos\left(\dfrac{n\pi}{2}+x\right)$;　　　$(2)\left(\dfrac{1}{1+x}\right)^{(n)} = (-1)^n\dfrac{n!}{(1+x)^{n+1}}.$

3. 设 $f(x) = (x+10)^6$, 求 $f'''(2)$.

3.4　隐函数的导数、由参数方程确定的函数的导数

3.4.1　隐函数的导数

前面我们所讨论的函数都是 $y = f(x)$ 的形式, 其特点是函数 y 可由含有自变量 x 的解析式直接表示出来, 这样的函数称为显函数. 例如 $y = \cos x$, $y = \ln(1+\sqrt{1+x^2})$ 等都是显函数.

但在实际中有很多函数是以含有 x, y 的二元方程 $F(x, y) = 0$ 的形式来表示的, 这样确定的函数称为隐函数. 如 $4x-5y+8=0$, $x^2+y^2=R^2$, $x+y-e^y=0$ 都是隐函数.

有些隐函数可以化为显函数, 如可将方程 $x+y^3-1=0$ (隐函数) 化为 $y = \sqrt[3]{1-x}$ (显函数). 把隐函数化成显函数的过程称为隐函数的显化.

隐函数的显化有时是有困难的, 甚至是不可能的. 如隐函数 $xy = e^{x+y}$ 就无法化成显函数. 在实际问题中, 又常常需要计算隐函数的导数.

求隐函数的导数的方法是将方程 $F(x, y) = 0$ 两边同时对自变量 x 求导, 把 y 看成是关于 x 的函数, 把关于 y 的函数看成是关于 x 的复合函数.

例1　求由方程 $e^y + xy - e = 0$ 所确定的隐函数的导数 y'_x.

解　将方程两边同时对 x 求导, 得　$e^y y'_x + y + xy'_x = 0$,

解得
$$y'_x = -\frac{y}{x+e^y}(x+e^y \neq 0).$$

一般的, 由方程 $F(x, y) = 0$ 所确定的隐函数 y, 它的导数 $\dfrac{dy}{dx}$ 中允许含有 y.

例2　求方程 $y^5+2y-x-3x^7=0$ 所确定的隐函数 y 在 $x=0$ 的导数 $\dfrac{dy}{dx}\Big|_{x=0}$.

解　将方程的两边同时对 x 求导, 得
$$5y^4\frac{dy}{dx}+2\frac{dy}{dx}-1-21x^6=0,$$

所以 $$\frac{\mathrm{d}y}{\mathrm{d}x} = \frac{1+21x^6}{5y^4+2}.$$

当 $x=0$ 时，由方程 $y^5+2y-x-3x^7=0$ 得 $y=0$.

将 $x=0$，$y=0$ 代入上式得 $\left. \dfrac{\mathrm{d}y}{\mathrm{d}x} \right|_{\substack{x=0\\y=0}} = \dfrac{1}{2}$.

例 3 求由方程 $x^2-y^2=1$ 所确定的隐函数的二阶导数 y''.

解 将方程两边同时对 x 求导，得 $2x-2yy'=0$，

解得 $$y' = \frac{x}{y}(y \neq 0).$$

上式两边再对 x 求导，得 $y'' = \dfrac{y-xy'}{y^2}$，

将 $y' = \dfrac{x}{y}$ 代入上式，得 $y'' = \dfrac{y-x\dfrac{x}{y}}{y^2} = \dfrac{y^2-x^2}{y^3} = -\dfrac{1}{y^3}$.

注：在对隐函数求二阶导数时，要将 y' 的表达式代入 y'' 中. 在 y'' 的最后表达式中，切不能出现 y'.

3.4.2 对数求导法则

形如 $y=u^v$（其中 u，v 都是 x 的函数）的函数称为幂指函数.

在求导运算中，常会遇到下面两类函数求导问题：一类是幂指函数，另一类是由一系列函数的乘、除、乘方、开方所构成的函数. 可以用对数求导法来求这两类函数的导数. 所谓对数求导法，就是两边先取对数，然后利用隐函数的求导法求得结果.

例 4 求函数 $y=x^x (x>0)$ 的导数.

解 将函数的两边取对数，得

$$\ln y = x\ln x.$$

再将两边逐项对 x 求导，得

$$\frac{1}{y} \cdot y' = \ln x + 1,$$

于是

$$y' = y(\ln x + 1) = x^x(\ln x + 1).$$

幂指函数的一般形式为 $y=u^v (u>0)$，其中 u，v 都是 x 的函数. 如果 u，v 都可导，则可像例 4 那样，利用对数求导法求出幂指函数的导数.

幂指函数也可以表示为 $y=e^{v\ln u}$，然后根据复合函数的求导法则求导.

例 5 求函数 $y=(1+x)^x$ 的导数 y'.

解 $y=(1+x)^x = e^{x\ln(1+x)}$，$y=e^u$，$u=x\ln(1+x)$，

$$y' = e^{x\ln(1+x)} \left[x\ln(1+x) \right]' = e^{x\ln(1+x)} \left[\ln(1+x) + \frac{x}{1+x} \right]$$

$$= (1+x)^x \left[\ln(1+x) + \frac{x}{1+x} \right].$$

例 6 求 $y = \dfrac{\sqrt{(x-1)(3x-4)}}{x-2}$ 的导数 $(x>1)$.

解 两边同时取对数，得 $\ln y = \ln\dfrac{\sqrt{(x-1)(3x-4)}}{x-2}$，

利用对数的性质，将上式右边展开，得

$$\ln y = \frac{1}{2}\ln(x-1) + \frac{1}{2}\ln(3x-4) - \ln(x-2),$$

方程两边同时对 x 求导，得

$$\frac{1}{y}\cdot y' = \frac{1}{2}\cdot\frac{1}{x-1} + \frac{1}{2}\cdot\frac{3}{3x-4} - \frac{1}{x-2},$$

整理得

$$y' = y\left[\frac{1}{2(x-1)} + \frac{3}{2(3x-4)} - \frac{1}{x-2}\right],$$

将 $y = \dfrac{\sqrt{(x-1)(3x-4)}}{x-2}$ 代入得

$$y' = \frac{\sqrt{(x-1)(3x-4)}}{x-2}\left[\frac{1}{2(x-1)} + \frac{3}{2(3x-4)} - \frac{1}{x-2}\right].$$

3.4.3 由参数方程确定的函数的导数

在平面解析几何中，y 关于 x 的函数可以由参数方程表出，如圆的参数方程为

$$\begin{cases} x = a\cos t \\ y = a\sin t \end{cases}(0\leqslant t\leqslant 2\pi).$$

椭圆的参数方程为

$$\begin{cases} x = a\cos t \\ y = b\sin t \end{cases}(0\leqslant t\leqslant 2\pi).$$

参数方程是通过参数确定了 y 是 x 的函数关系，如果消去参数就可得到 y 与 x 的直接函数关系.

一般的，如果参数方程

$$\begin{cases} x = \varphi(t) \\ y = \psi(t) \end{cases} \tag{3-3}$$

确定了 y 与 x 间的函数关系，则称此函数关系为由参数方程(3-3)所确定的函数.

在某些实际问题中，需要计算由参数方程(3-3)所确定的函数的导数. 但有些参数方程消去参数是很困难的，或者消去参数后所得到的 y 与 x 的函数非常复杂，因此需要讨论由参数方程所确定的函数的求导法则.

在式(3-3)中，如果函数 $x = \varphi(t)$ 具有单调连续的反函数 $t = \varphi^{-1}(x)$，那么由参数方程(3-3)所确定的函数就可以看成是由 $y = \psi(t)$，$t = \varphi^{-1}(x)$ 复合而成的函数 $y = \psi(\varphi^{-1}(x))$. 因此，要计算这个复合函数的导数，只要再假定 $x = \varphi(t)$，$y = \psi(t)$ 都可导，且 $\varphi'(t)\neq 0$，则根据复合函数的求导法则和反函数的导数公式就得

$$\frac{\mathrm{d}y}{\mathrm{d}x} = \frac{\mathrm{d}y}{\mathrm{d}t}\cdot\frac{\mathrm{d}t}{\mathrm{d}x} = \frac{\mathrm{d}y}{\mathrm{d}t}\cdot\frac{1}{\dfrac{\mathrm{d}x}{\mathrm{d}t}} = \frac{\psi'(t)}{\varphi'(t)},$$

即

$$\frac{\mathrm{d}y}{\mathrm{d}x} = \frac{\psi'(t)}{\varphi'(t)}.$$

上式也可写成

$$\frac{\mathrm{d}y}{\mathrm{d}x} = \frac{\psi'(t)}{\varphi'(t)} = \frac{y_t'}{x_t'}.$$

例7 已知圆的参数方程 $\begin{cases} x = a\cos\theta \\ y = a\sin\theta \end{cases}$ ($a > 0$，θ 为参数），求 $\dfrac{\mathrm{d}y}{\mathrm{d}x}$.

解 因为 $\qquad \dfrac{\mathrm{d}x}{\mathrm{d}\theta} = -a\sin\theta, \quad \dfrac{\mathrm{d}y}{\mathrm{d}\theta} = a\cos\theta,$

所以 $\qquad \dfrac{\mathrm{d}y}{\mathrm{d}x} = \dfrac{\dfrac{\mathrm{d}y}{\mathrm{d}\theta}}{\dfrac{\mathrm{d}x}{\mathrm{d}\theta}} = \dfrac{a\cos\theta}{-a\sin\theta} = -\cot\theta.$

习题 3.4

1. 求出下列方程所确定的隐函数的导数 $\dfrac{\mathrm{d}y}{\mathrm{d}x}$.

(1) $x\cos y = \sin(2x + y)$；　　　　　(2) $\mathrm{e}^y + xy = 0$；

(3) $\sin(xy) = x$；　　　　　　　　　(4) $y = 1 + x\mathrm{e}^y$.

2. 求椭圆 $\dfrac{x^2}{9} + \dfrac{y^2}{4} = 1$ 在点 $P\left(1, \dfrac{4\sqrt{2}}{3}\right)$ 处的切线方程.

3. 用对数求导法求下列函数的导数.

(1) $y = (1 + x^2)^{\tan x}$；　　　　　(2) $y = \sqrt{\dfrac{(x-1)^2(x-2)}{(x-3)^3(x-4)}}$ ($x > 4$).

4. 求下列参数方程所确定的函数的导数 $\dfrac{\mathrm{d}y}{\mathrm{d}x}$.

(1) $\begin{cases} x = 1 - t^2 \\ y = t - t^3 \end{cases}$；　　　　　(2) $\begin{cases} x = \sin t \\ y = t \end{cases}$；

(3) $\begin{cases} x = a(t - \sin t) \\ y = a(1 - \cos t) \end{cases}$ (a 为常数）；　　(4) $\begin{cases} x = at^2 \\ y = bt^3 \end{cases}$.

3.5 函数的微分

本节将介绍微分学中另一个重要的概念——微分. 在理论研究和实际应用中，常常会遇到这样的问题：当自变量 x 有微小变化时，求函数 $y = f(x)$ 的微小改变量 $\Delta y = f(x + \Delta x) - f(x)$. 这个问题初看起来似乎只要做减法运算就可以了，然而，对于较复杂的函数 $f(x)$，差值 $f(x + \Delta x) - f(x)$ 却是一个更复杂的表达式，不易求出其值. 一个想法是：我们设法将 Δy 表示成 Δx 的线性函数，即线性化，从而把复杂问题化为简单问题. 微分就是实现这种线性化的一种数学模型.

3.5.1　微分的概念

▶ **案例 1**　一边长为 x 的正方形金属薄片，受热后边长增加 Δx，如图 3-5-1 所示，问其面积增加多少?

解　由已知可得受热前的面积 $S = x^2$，那么，受热后面积的增量是

$$\begin{aligned}\Delta S &= (x + \Delta x)^2 - x^2\\&= 2x\Delta x + (\Delta x)^2.\end{aligned}$$

从几何图形上可以看到，面积的增量可分为两个部分，一是两个矩形的面积总和 $2x\Delta x$（阴影部分），它是 Δx 的线性部分；二是右上角的正方形的面积 $(\Delta x)^2$，它是比 Δx 高阶无穷小部分. 这样一来，当 Δx 非常微小时，面积的增量主要部分就是 $2x\Delta x$，而 $(\Delta x)^2$ 可以忽略不计，也就是说，可以用 $2x\Delta x$ 来代替面积的增量.

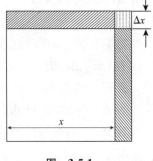

图　3-5-1

从函数的角度来说，函数 $S = x^2$ 具有这样的特征：任给自变量一个增量 Δx，相应函数值的增量 Δy 可表示成关于 Δx 的线性部分（即 $2x\Delta x$）与高阶无穷小部分（即 $(\Delta x)^2$）的和.

▶ **案例 2**　求自由落体由时刻 t 到 $t + \Delta t$ 所经过路程的近似值.

解　因为 $s = \dfrac{1}{2}gt^2$，所以当时间从 t 变到 $t + \Delta t$ 时，

$$\Delta s = \frac{1}{2}g(t + \Delta t)^2 - \frac{1}{2}gt^2 = gt\Delta t + \frac{1}{2}g(\Delta t^2),$$

上式右边第一部分是 Δt 的线性函数，第二部分当 $\Delta t \to 0$ 时是一个比 Δt 高阶的无穷小，因此，当 $|\Delta t|$ 很小时，我们可以把第二部分忽略不计，第一部分就成了 Δs 的主要部分，因而得到路程增量的近似值为

$$\Delta s \approx gt\Delta t,$$

又因为 $s' = \left(\dfrac{1}{2}gt^2\right)' = gt$，所以 $\Delta s \approx s'(t)\Delta t$.

以上两个问题的实际意义虽然不同，但从数量关系上却有共同点：函数的增量可以表示成两部分，一部分为自变量增量的线性函数；另一部分是当自变量增量趋于零时，比自变量增量高阶的无穷小，且当自变量增量绝对值很小时，函数的增量可以由该点的导数与自变量增量的乘积来近似代替.

上述结论对于一般函数是否成立呢? 我们下面说明对于可导函数此结论都能成立.

设函数 $y = f(x)$ 在点 x 处可导，对于 x 处的增量 Δx，相应地有增量 Δy. 由 $\lim\limits_{\Delta x \to 0} \dfrac{\Delta y}{\Delta x} = f'(x)$，根据极限与无穷小的关系，有 $\dfrac{\Delta y}{\Delta x} = f(x) + \alpha$（其中 α 是无穷小，即 $\lim\limits_{\Delta x \to 0}\alpha = 0$），于是

$$\Delta y = f'(x)\Delta x + \alpha\Delta x,$$

而上式右端的第一部分 $f'(x)\Delta x$ 是 Δx 的线性函数. 又因为 $\lim\limits_{\Delta x \to 0}\dfrac{\alpha\Delta x}{\Delta x} = 0$，所以第二部分是比 Δx

高阶的无穷小, 因此, 当 $|\Delta x|$ 很小时, 第二部分可忽略不计, 于是第一部分就成了 Δy 的主要部分, 称为 Δy 的线性主部, 从而有近似公式 $\Delta y \approx f'(x) \Delta x$.

为此我们引入微分的概念.

定义 1 设函数 $y = f(x)$ 在点 x 处可导, 那么 $f'(x) \Delta x$ 叫作函数 $y = f(x)$ 在点 x 处的**微分**, 记作 $\mathrm{d}y$ 或 $\mathrm{d}f(x)$, 即

$$\mathrm{d}y = f'(x) \Delta x.$$

此时, 称 $y = f(x)$ 在点 x 处是可微的.

在 $|\Delta x|$ 很小时, 有近似公式 $\Delta y \approx \mathrm{d}y$.

定理 函数 $y = f(x)$ 在点 x_0 处可微的充分必要条件是函数 $y = f(x)$ 在点 x_0 处可导.

设 $f(x) = x$, 所以 $\mathrm{d}f(x) = \mathrm{d}x = (x)' \Delta x = \Delta x$. 因此有

定义 2 自变量的增量称为自变量的微分, 记作 $\mathrm{d}x$, 即 $\Delta x = \mathrm{d}x$. 因此, 函数 $y = f(x)$ 在点 x 处的微分可记作 $\mathrm{d}y = f'(x) \Delta x = f'(x) \mathrm{d}x$. 从而有 $f'(x) = \dfrac{\mathrm{d}y}{\mathrm{d}x}$, 函数 $f(x)$ 的导数等于函数的微分与自变量的微分之商, 因而, 导数也称为**微商**.

例 1 求函数 $y = x^3$ 的微分.

解 $\mathrm{d}y = \mathrm{d}(x^3) = (x^3)' \mathrm{d}x = 3x^2 \mathrm{d}x$.

例 2 求函数 $y = x^2$ 在 $x = 3$, $\Delta x = 0.01$ 时的 Δy 和 $\mathrm{d}y$, 并加以比较.

解 (1) 由于 $\Delta y = (x + \Delta x)^2 - x^2 = 2x\Delta x + (\Delta x)^2$, 所以当 $x = 3$, $\Delta x = 0.01$ 时,

$$\Delta y \big| = 2 \times 3 \times 0.01 + (0.01)^2 = 0.0601.$$

(2) 由于 $\mathrm{d}y = \mathrm{d}(x^2) = 2x\mathrm{d}x$, 所以当 $x = 3$, $\Delta x = \mathrm{d}x = 0.01$ 时,

$$\mathrm{d}y \big| = 2 \times 3 \times 0.01 = 0.06.$$

通过以上计算可以看出, 当 $|\Delta x|$ 较小时, $\Delta y \approx \mathrm{d}y$.

3.5.2 微分的几何意义

为了对微分有比较直观的了解, 我们来说明微分的几何意义.

在直角坐标系中, 函数 $y = f(x)$ 的图形是一条曲线. 设 $M(x_0, y_0)$ 是该曲线上的一个定点, 当自变量在点 x_0 处取得微小改变量 Δx 时, 就得到曲线上的另一点 $N(x_0 + \Delta x, y_0 + \Delta y)$. 由图 3-5-2 可知:

$$MQ = \Delta x, \quad NQ = \Delta y,$$

过点 M 作曲线的切线 MT, 它的倾斜角为 α, 则

$$QP = MQ \cdot \tan\alpha = \Delta x \cdot f'(x_0),$$

即

$$\mathrm{d}y = QP.$$

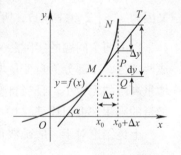

图 3-5-2

由此可见, 对于可微函数 $y = f(x)$ 而言, 当 Δy 是曲线 $y = f(x)$ 上的点的纵坐标的增量时, $\mathrm{d}y$ 就是曲线的切线上点的纵坐标的相应增量. 由于当 $|\Delta x|$ 很小时, $|\Delta y - \mathrm{d}y|$ 比 $|\Delta x|$ 小得多, 因此在点 M 的邻近, 我们可以用切线段 MP 近似代替曲线段 MN.

3.5.3　微分的运算法则

从微分的概念 $dy = f'(x)dx$ 可知，要计算函数的微分，只要求出函数的导数，再乘以自变量的微分就可以了．所以根据导数公式和导数运算法则，就能得到相应的微分公式和微分运算法则．

1. 基本初等函数的微分公式

$(1)\, d(C) = 0\,(C\ 为常数)$；　　　　　$(2)\, d(x^\mu) = \mu x^{\mu-1}dx\,(\mu\ 为实数)$；

$(3)\, d(a^x) = a^x \ln a\,dx$；　　　　　　$(4)\, d(e^x) = e^x dx$；

$(5)\, d(\log_a x) = \dfrac{1}{x\ln a}dx$；　　　　$(6)\, d(\ln x) = \dfrac{1}{x}dx$；

$(7)\, d(\sin x) = \cos x\,dx$；　　　　　$(8)\, d(\cos x) = -\sin x\,dx$；

$(9)\, d(\tan x) = \sec^2 x\,dx = \dfrac{1}{\cos^2 x}dx$；　$(10)\, d(\cot x) = -\csc^2 x\,dx = -\dfrac{1}{\sin^2 x}dx$；

$(11)\, d(\sec x) = \sec x \cdot \tan x\,dx$；　　$(12)\, d(\csc x) = -\csc x \cdot \cot x\,dx$；

$(13)\, d(\arcsin x) = \dfrac{1}{\sqrt{1-x^2}}dx\ x\in(-1,1)$；$(14)\, d(\arccos x) = -\dfrac{1}{\sqrt{1-x^2}}dx\ x\in(-1,1)$；

$(15)\, d(\arctan x) = \dfrac{1}{1+x^2}dx$；　　$(16)\, d(\text{arccot}\,x) = -\dfrac{1}{1+x^2}dx$．

2. 函数和、差、积、商的微分法则

设 $u = u(x)$ 和 $v = v(x)$ 都可导，C 为常数，则

$(1)\, d(u \pm v) = du \pm dv$；　　　　　$(2)\, d(uv) = v\,du + u\,dv$；

$(3)\, d(Cu) = C\,du\,(C\ 为常数)$；　　　$(4)\, d\left(\dfrac{u}{v}\right) = \dfrac{v\,du - u\,dv}{v^2}\ (v\neq 0)$；

$(5)\, d\left(\dfrac{C}{v}\right) = -\dfrac{C\,dv}{v^2}\ (v\neq 0)$．

3. 复合函数的微分法则

设函数 $y = f(u)$ 对 u 可导，当 u 是自变量时，根据微分的定义，函数 $f(u)$ 的微分为 $dy = f'(u)du$；当 u 是中间变量，且 $u = \varphi(x)$ 也可导时，y 是 x 的复合函数 $y = f(\varphi(x))$，根据复合函数求导法则，函数 $y = f(\varphi(x))$ 的微分为

$$dy = y'dx = f'(u) \cdot \varphi'(x)dx = f'(u) \cdot [\varphi'(x)dx] = f'(u)du.$$

由此可见，对于函数 $y = f(u)$ 来说，不论 u 是自变量还是中间变量，$y = f(u)$ 的微分总可以用 $f'(u)du$ 的形式来表示．函数微分的这个性质称为**微分形式的不变性**．

例 3　求 $y = \sin(2x+1)$ 的微分 dy．

解法 1　利用微分定义：

因为　$y' = \cos(2x+1) \cdot (2x+1)' = 2\cos(2x+1)$，

所以　$dy = y'dx = 2\cos(2x+1)dx$．

解法 2　利用微分形式不变性：

$$dy = d\sin(2x+1) = \cos(2x+1)d(2x+1) = 2\cos(2x+1)dx.$$

例 4　求 $y = \ln(4 - x^2)$ 的微分．

解法1 利用微分定义:

因为 $y' = \dfrac{1}{4-x^2}(4-x^2)' = \dfrac{-2x}{4-x^2} = \dfrac{2x}{x^2-4}$,

所以 $dy = y'dx = \dfrac{2x}{x^2-4}dx$.

解法2 利用微分形式不变性:

$$dy = d\ln(4-x^2) = \frac{1}{4-x^2}d(4-x^2) = \frac{-2x}{4-x^2}dx = \frac{2x}{x^2-4}dx.$$

例5 求 $y = \ln\sin 2x$ 的微分.

解 $dy = d(\ln\sin 2x) = \dfrac{1}{\sin 2x}d(\sin 2x) = \dfrac{1}{\sin 2x}(\cos 2x)d(2x) = 2\cot 2x\,dx.$

例6 求 $y = \dfrac{e^{2x}}{x}$ 的微分 dy.

解 $dy = \dfrac{xd(e^{2x}) - e^{2x}dx}{x^2} = \dfrac{xe^{2x}d(2x) - e^{2x}dx}{x^2} = \dfrac{2xe^{2x}dx - e^{2x}dx}{x^2} = \dfrac{e^{2x}(2x-1)}{x^2}dx.$

3.5.4 微分在近似计算中的应用

在工程问题中, 经常会遇到一些复杂的计算公式. 如果直接用这些公式进行计算, 那是很费力的. 利用微分往往可以把一些复杂的计算公式用简单的近似公式来代替.

设函数 $y = f(x)$ 在 x_0 处的导数为 $f'(x_0) \neq 0$, 则当 $|\Delta x|$ 很小时, 函数的增量近似等于函数的微分, 即有近似公式

$$\Delta y \approx dy = f'(x_0)\Delta x.$$

这个式子也可以写成

$$\Delta y = f(x_0 + \Delta x) - f(x_0) \approx f'(x_0)\Delta x, \tag{3-4}$$

或

$$f(x_0 + \Delta x) \approx f(x_0) + f'(x_0)\Delta x. \tag{3-5}$$

在式(3-5)中, 令 $x_0 + \Delta x = x$, 即 $\Delta x = x - x_0$, 那么式(3-5)可改写为

$$f(x) \approx f(x_0) + f'(x_0)(x - x_0). \tag{3-6}$$

如果 $f(x_0)$ 与 $f'(x_0)$ 都容易计算, 那么可利用式(3-4)来近似计算 Δy, 利用式(3-5)来近似计算 $f(x_0 + \Delta x)$, 或利用式(3-6)来近似计算 $f(x)$.

1. 计算函数增量的近似值

例7 有一批半径为 1cm 的球, 为了提高球面的光洁度, 要镀上一层铜, 厚度定为 0.01cm. 估计一下每只球需用铜多少克(铜的密度是 8.9g/cm^3)?

解 可先求出镀层的体积, 再乘上密度就得到每只球需用铜的质量.

球的体积为 $V = \dfrac{4}{3}\pi R^3$, 当半径 R 从 1cm 增加到 1.01cm 时, 相应的体积增加了 $\Delta V \approx dV$

因为 $V'\Big|_{R=R_0} = \left(\dfrac{4}{3}\pi R^3\right)'\Big|_{R=R_0} = 4\pi R_0^2$,

所以 $dV = 4\pi \cdot R_0^2 dR$,

将 $R_0 = 1$, $dR = 0.01$ 代入, 得

$$\Delta V \approx 4 \times 3.14 \times 1^2 \times 0.01 \, \text{cm}^3 \approx 0.13 \, \text{cm}^3.$$

于是镀每只球需用铜约为 $0.13 \times 8.9 \text{g} \approx 1.16 \text{g}$.

2. 计算函数值的近似值

例 8　求 $\cos 60°30'$ 的近似值. （精确到 0.0001）

解　取 $f(x) = \cos x$, 有 $f'(x) = -\sin x$.

因为 $60°30' = 60° + 30' = \dfrac{\pi}{3} + \dfrac{\pi}{360}$, 所以取 $x_0 = \dfrac{\pi}{3}$, $\Delta x = \dfrac{\pi}{360}$.

由于 $f(x_0) = \cos \dfrac{\pi}{3} = \dfrac{1}{2}$, $f'(x_0) = -\sin \dfrac{\pi}{3} \approx -0.8660$.

所以 $\cos\left(\dfrac{\pi}{3} + \dfrac{\pi}{360}\right) \approx \cos \dfrac{\pi}{3} + \left(-\sin \dfrac{\pi}{3}\right)\dfrac{\pi}{360} \approx 0.4924$.

当 $|x|$ 很小时, 在式(3-6)中取 $x_0 = 0$, 有

$$f(x) \approx f(0) + f'(0)x. \tag{3-7}$$

应用式(3-7)可以推得一些在工程上常用的近似公式(下面都假定 $|x|$ 是较小的数值)：

$(1)\ \sqrt[n]{1+x} \approx 1 + \dfrac{1}{n}x$;

$(2)\ \mathrm{e}^x \approx 1 + x$;

$(3)\ \ln(1+x) \approx x$;

$(4)\ \sin x \approx x\,(x\ \text{用弧度作单位})$;

$(5)\ \tan x \approx x\,(x\ \text{用弧度作单位}).$

例 9　计算 $\sqrt{1.05}$ 的近似值.

解　$\sqrt{1.05} = \sqrt{1+0.05}$, 这里 $x = 0.05$, 其值较小, 利用近似公式(1)($n=2$ 的情形), 可得

$$\sqrt{1.05} \approx 1 + \dfrac{1}{2} \times 0.05 = 1.025.$$

如果直接开方, 可得 $\sqrt{1.05} = 1.02470$. 将两个结果比较一下, 可以看出, 用 1.025 作为 $\sqrt{1.05}$ 的近似值, 其误差不超过 0.001, 这样的近似值在一般应用上已够精确了. 如果开方次数较高, 就更能体现出用微分进行近似计算的优越性.

3. 在经济学中的近似计算

例 10　某商店每周销售商品 x 件, 所获得利润 y 依下式计算(单位：元)

$$y = 6\sqrt{100x - x^2}.$$

当每周销售量由 10 件增加到 11 件时, 试用微分计算利润增加的近似值.

解　依题意有 $x_0 = 10$, $\Delta x = 1$,

故　　　　　　　　　$y = 6\sqrt{100x - x^2}.$

所以　　　　　　$y'_x = 6 \times \dfrac{1}{2}(100x - x^2)^{-\frac{1}{2}}(100x - x^2)'$

$$= 3(100x - x^2)^{-\frac{1}{2}}(100 - 2x),$$

故　　　　　$f'(10) = 3(100 \times 10 - 10^2)^{-\frac{1}{2}}(100 - 2 \times 10) = 8(\text{元}),$

有 $$\Delta y = f'(10)\Delta x = 8 \times 1 = 8(元).$$

若该商店每周销售量由 10 件增至 11 件时，其增加的利润约为 8 元.

例 11　设某商品的需求函数为 $Q(P) = 8.2\mathrm{e}^{\frac{-P}{5}}$，其中 P 为单位商品的价格（元），Q 为某商品的月需求量（千件）. 试用微分方法求当该商品的价格从 8 元增加到 8.5 元时，月需求量变化的情况.

解　依题意 $P_0 = 8$，$\Delta P = 8.5 - 8.0 = 0.5$，

$$Q(P) = 8.2\mathrm{e}^{\frac{-P}{5}},$$

$$Q'(P) = -\frac{8.2}{5}\mathrm{e}^{\frac{-P}{5}},$$

$$Q'(P_0) = -\frac{8.2}{5}\mathrm{e}^{\frac{-8}{5}} = -\frac{8.2}{5} \times 0.202,$$

$$\mathrm{d}Q\big|_{P=P_0} = Q'(P_0) \cdot \Delta P = -\frac{8.2}{5} \times 0.202 \times 0.5 = -0.165(千件),$$

即　$\Delta Q\big|_{P=P_0} = -165$（件）.

故该商品当价格从 8 元增加到 8.5 元时，月需求量减少约 165 件.

习题 3.5

1. 求函数 $y = x^2 - 2x$ 在点 $x = 3$ 处当 $\Delta x = 0.02$ 时的微分与函数值的增量.

2. 求下列函数的微分.

(1) $y = 2x^3 - x^2 + 1$；

(2) $y = \sin x + \cos x$；

(3) $y = \dfrac{1}{\sqrt{x}}\ln x$；

(4) $y = \dfrac{1}{x}\mathrm{e}^x$；

(5) $y = \ln\sqrt{1 - x^2}$；

(6) $y = 1 - x\mathrm{e}^{2x}$.

3. 在括号内填入适当的函数，使等式成立.

(1) $x\mathrm{d}x = \mathrm{d}(\quad)$；

(2) $\cos x\mathrm{d}x = \mathrm{d}(\quad)$；

(3) $\dfrac{1}{x}\mathrm{d}x = \mathrm{d}(\quad)$；

(4) $\dfrac{1}{\sqrt{x}}\mathrm{d}x = \mathrm{d}(\quad)$.

4. 一汽车销售商利用电视广告来促进其汽车销售，由过去记录得到每个月做的广告量 x 与汽车销售量 y 有如下关系：

$$y = -0.005x^3 + 0.485x^2 - 1.85x + 300.$$

试用微分的方法求当每个月做广告从 20 次增加到 21 次时，汽车销量的增加量.

复习题 3

1. 用导数定义计算下列函数的导数.

(1) $y = 9x^3$，在 $x_0 = -2$ 处；

(2) $y = \dfrac{1}{x}$.

2. 如果函数 $f(x)$ 在 x_0 可导，那么下列极限是否存在？等于什么？

(1) $\lim\limits_{x \to x_0}\dfrac{f(x) - f(x_0)}{x - x_0}$；

(2) $\lim\limits_{\Delta x \to 0}\dfrac{f(x_0 + 2\Delta x) - f(x_0)}{\Delta x}$；

（3）$\lim\limits_{h \to 0} \dfrac{f(x_0 + h) - f(x_0 - h)}{h}$.

3. 产品总成本 C 是产量 Q 的函数 $C(Q) = 200 + 4Q + 0.05Q^2$（单位：元）.

（1）指出固定成本、可变成本；

（2）求边际成本函数及产量 $Q = 200$ 时的边际成本，并说明其经济意义.

4. 讨论下列函数在点 $x = 0$ 处的连续性和可导性.

（1）$f(x) = \begin{cases} \sqrt{x}, & x \geqslant 0 \\ x, & x < 0 \end{cases}$;　　　　　（2）$f(x) = \begin{cases} x^2 \sin \dfrac{1}{x}, & x \neq 0 \\ 0, & x = 0 \end{cases}$.

5. 设函数 $f(x) = \begin{cases} x^2, & x \leqslant 1 \\ ax + b, & x > 1 \end{cases}$，为了使函数 $f(x)$ 在 $x = 1$ 处连续且可导，a，b 应取什么值?

6. 求下列函数的导数.

（1）$y = 3x^2 - \dfrac{2}{x^2} + 5$;　　　　　（2）$y = x^2(2 + \sqrt{x})$;

（3）$y = 3\ln x - \dfrac{2}{x^2}$;　　　　　（4）$y = \dfrac{x^2 + \sqrt{x} + 1}{x^3}$.

7. 求下列函数的微分.

（1）$y = \dfrac{1}{x} + 2\sqrt{x}$;　　　　　（2）$y = x\sin 2x$;

（3）$y = \left[\ln(1 - x)\right]^2$;　　　　　（4）$y = \mathrm{e}^{-x}\cos(3 - x)$.

8. 将适当的函数填入下列括号内，使等式成立.

（1）$\mathrm{d}(\quad) = 2\mathrm{d}x$;　　　　　（2）$\mathrm{d}(\quad) = 3x\mathrm{d}x$;

（3）$\mathrm{d}(\quad) = \cos x\mathrm{d}x$;　　　　　（4）$\mathrm{d}(\quad) = \sin\omega x\mathrm{d}x$.

9. 求下列函数的导数.

（1）$y = \arcsin x + \arccos x$;　　　（2）$y = \dfrac{\arcsin x}{x}$;　　　（3）$y = x\arctan x$.

10. 求下列函数的导数.

（1）$y = (1 - x^2)^{100}$;　　　　　（2）$y = \arctan(x^2)$;

（3）$y = x\arcsin(\ln x)$;　　　　　（4）$y = \mathrm{e}^{\arctan\sqrt{x}}$.

11. 已知 $f(x) = \begin{cases} \sin x, & x < 0 \\ x, & x \geqslant 0 \end{cases}$，求 $f'(x)$.

12. 求下列函数的导数.

（1）$y = \sqrt{x\sqrt{x\sqrt{x}}}$;　　　　　（2）$y = \arcsin(\sin x)$;

（3）$y = \mathrm{e}^{-x^2}$;　　　　　（4）$y = \ln(\mathrm{e}^x + \sqrt{1 + \mathrm{e}^{2x}})$.

13. 求下列函数的二阶导数.

（1）$y = \mathrm{e}^{3x - 1}$;　　　　　（2）$y = \ln(1 - x^2)$;　　　　　（3）$y = x^2\sin 2x$.

14. 求由方程确定的隐函数的导数 $\dfrac{\mathrm{d}y}{\mathrm{d}x}$.

（1）$xy = \mathrm{e}^{x + y}$;　　　　　（2）$y - x^3 + y^3 = a^2$.

15. 用对数求导法求下列函数的导数.

(1) $y = \left(\dfrac{x}{1+x} \right)^x$；

(2) $y = \sqrt[5]{\dfrac{x-5}{\sqrt[5]{x^2+2}}}$.

16. 求参数方程 $\begin{cases} x = at^2 \\ y = bt^3 \end{cases}$，所确定的函数的 $\dfrac{\mathrm{d}y}{\mathrm{d}x}$ 及 $\dfrac{\mathrm{d}^2 y}{\mathrm{d}x^2}$.

17. 求 $\begin{cases} x = \dfrac{3at}{1+t^2} \\ y = \dfrac{3at^2}{1+t^2} \end{cases}$，在 $t = 2$ 处的切线方程和法线方程.

18. 求曲线 $y = \sin x$ 在点 $\left(\dfrac{\pi}{4}, \dfrac{\sqrt{2}}{2} \right)$ 处的切线方程和法线方程.

19. 计算 $\sqrt[3]{998}$ 的近似值.

第4章　导数的应用

微分学在自然科学与工程技术上都有着极其广泛的应用. 本章首先介绍微分中值定理，建立函数及其导数之间的联系，在此基础上，运用导数这一重要工具来计算极限、研究函数及其图形的某些性态、特征，并利用这些知识解决一些实际问题，最后介绍导数在经济中的应用.

4.1　微分中值定理

4.1.1　罗尔(Rolle)定理

罗尔定理　如果函数 $f(x)$ 满足条件：

(1) 在闭区间 $[a, b]$ 上连续；

(2) 在开区间 (a, b) 内可导；

(3) 在区间端点的函数值相等，即 $f(a) = f(b)$，

则在 (a, b) 内至少存在一点 $\xi(a < \xi < b)$，使得 $f'(\xi) = 0$.

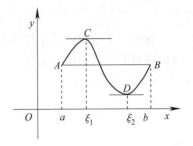

图　4-1-1

在图 4-1-1 中，设曲线弧 AB 的方程为 $y = f(x) (a \leqslant x \leqslant b)$. 罗尔定理的三个条件在几何上表示为：$AB$ 是一条连续的曲线弧，除了端点外，处处具有不垂直于 x 轴的切线，且两个端点的纵坐标相等. 罗尔定理的结论则表达了这样一个几何事实：在曲线弧 AB 上，至少有一点 C，在该点处的切线平行于 x 轴.

例1　不求导数，判定函数 $f(x) = (x-1)(x^2 - 5x + 6)$ 的导数有几个实根，以及其所在范围.

解　由于 $f(1) = f(2) = f(3) = 0$，容易验证 $f(x)$ 在 $[1, 2]$、$[2, 3]$ 上满足罗尔定理的条件，因此

在 $(1, 2)$ 内至少存在一点 ξ_1，使 $f'(\xi_1) = 0$，即 ξ_1 是 $f'(x) = 0$ 的一个实根.

在 $(2, 3)$ 内至少存在一点 ξ_2，使 $f'(\xi_2) = 0$，即 ξ_2 也是 $f'(x) = 0$ 的一个实根.

$f'(x)$ 为二次多项式，最多有两个实根，所以 $f'(x)$ 有两个实根，且分别在区间 $(1, 2)$、$(2, 3)$ 内.

4.1.2　拉格朗日(Lagrange)中值定理

拉格朗日中值定理　如果函数 $f(x)$ 满足条件：

(1) 在闭区间 $[a, b]$ 上连续；

(2) 在开区间 (a, b) 内可导，

那么在区间(a, b)内至少存在一点ξ $(a < \xi < b)$，使等式

$$\frac{f(b) - f(a)}{b - a} = f'(\xi)$$

成立.

下面来看一下定理的几何意义.

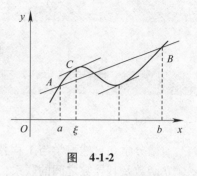

图　4-1-2

从图 4-1-2 中可以看到，$f'(\xi)$就是点$C(\xi, f(\xi))$处的切线斜率，而$\dfrac{f(b) - f(a)}{b - a}$表示过曲线$y = f(x)$上两端点$A(a, f(a))$、$B(b, f(b))$的直线的斜率，因此结论表示点$(\xi, f(\xi))$处的切线平行于弦$AB$. 由此可知，拉格朗日中值定理的几何意义是：如果连续曲线$y = f(x)$的弧ACB上除端点外每一点都有不垂直于x轴的切线，则在曲线弧段ACB的内部至少能找到一点$C(\xi, f(\xi))$，使得该点处的切线与弦AB所在直线平行.

$\dfrac{f(b) - f(a)}{b - a} = f'(\xi)$也叫拉格朗日中值公式，若令$x = a$，$\Delta x = b - a$，则可写成

$$f(x + \Delta x) - f(x) = f'(\xi)\Delta x.$$

它提示了函数的增量与导数及自变量增量之间的直接联系，从而为我们开辟了用导数来研究函数的某些特性的途径.

例 2 求函数$f(x) = x^3$在$[-1, 2]$内满足拉格朗日中值定理条件的ξ值.

解 因为$f'(x) = 3x^2$，$f(-1) = -1$，$f(2) = 8$，故满足拉格朗日中值定理的ξ值为

$$f(2) - f(-1) = 3\xi^2[2 - (-1)]$$

即
$$9 = 9\xi^2, \ 得 \ \xi = \pm 1,$$
因为
$$1 \in (-1, 2), \ -1 \notin (-1, 2)$$
所以
$$\xi = 1.$$

利用拉格朗日中值定理，还可得到下面的推论.

推论 1 如果函数$f(x)$在区间(a, b)内满足$f'(x) \equiv 0$，那么在(a, b)内$f(x) = C$（C为常数）.

证明 在(a, b)内任取两点x_1，x_2，且$x_1 < x_2$，由拉格朗日中值定理，可得

$$f(x_2) - f(x_1) = f'(\xi)(x_2 - x_1) \ (x_1 < \xi < x_2)$$

由于$f'(\xi) = 0$，所以$f(x_2) - f(x_1) = 0$，即

$$f(x_1) = f(x_2).$$

因为x_1，x_2是(a, b)内的任意两点，于是上式表明$f(x)$在(a, b)内任意两点的值总是相等的，即$f(x)$在(a, b)内是一个常数.

推论 2 如果两个函数$f(x)$，$g(x)$在(a, b)内有$f'(x) \equiv g'(x)$，那么在(a, b)内，$f(x) = g(x) + C$（C为常数）.

证明 令$F(x) = f(x) - g(x)$，则$F'(x) = f'(x) - g'(x) \equiv 0$，

由推论 1 知$F(x)$在(a, b)内为一常数C，即$f(x) = g(x) + C$.

例 3 求证$\arcsin x + \arccos x = \dfrac{\pi}{2}$ $(-1 \leqslant x \leqslant 1)$.

证明 设$f(x) = \arcsin x + \arccos x$，当$-1 < x < 1$时有

$$f'(x) = \frac{1}{\sqrt{1-x^2}} + \frac{-1}{\sqrt{1-x^2}} \equiv 0.$$

由推论 1 知，$f(x)$ 在区间 $(-1, 1)$ 内为一常数 C，即

$$\arcsin x + \arccos x = C.$$

下面确定常数 C 的值，不妨取 $x = 0$，得

$$C = f(0) = \arcsin 0 + \arccos 0 = 0 + \frac{\pi}{2}.$$

所以当 $-1 < x < 1$ 时，$\qquad\qquad \arcsin x + \arccos x = \dfrac{\pi}{2}.$

对于 $x = \pm 1$ 时，等式显然成立，故命题得证.

4.1.3　柯西(Cauchy)中值定理

柯西中值定理　如果函数 $f(x)$ 与 $F(x)$ 满足下列条件：

(1) 在闭区间 $[a, b]$ 上连续；

(2) 在开区间 (a, b) 内可导；

(3) $F'(x)$ 在 (a, b) 内每一点均不为零，

那么在 (a, b) 内至少存在一点 ξ，使得

$$\frac{f(b) - f(a)}{F(b) - F(a)} = \frac{f'(\xi)}{F'(\xi)}.$$

容易看出，如果 $F(x) = x$，那么 $F(b) - F(a) = b - a$，并且 $F'(x) = 1$，$F'(\xi) = 1$，从而上式变为 $\dfrac{f(b) - f(a)}{b - a} = f'(\xi)$ 或 $f(b) - f(a) = f'(\xi)(b - a)$. 所以可以把柯西中值定理看成是拉格朗日中值定理的推广.

习题 4.1

1. 选择或填空题.

(1) 使函数 $f(x) = \sqrt[3]{x^2(1 - x^2)}$ 适合罗尔定理条件的区间是(　　　).

A. $[0, 1]$ 　　　　B. $[-1, 1)$ 　　　C. $[-2, 2]$ 　　　D. $\left[-\dfrac{3}{5}, \dfrac{4}{5} \right]$

(2) 函数 $y = \ln x$ 在 $[1, 2]$ 上满足拉格朗日中值定理，则 $\xi = $ _____ .

(3) 在 $[-1, 1]$ 上，函数 $f(x) = 1 - x^2$ 满足拉格朗日中值定理，则 $\xi = $ _____ .

(4) $f(x) = (x - 1)(x - 2)(x - 3)$，则方程 $f'(x) = 0$ 有 _____ 个实根，分别位于区间 _____ 、 _____ 内.

2. 下列函数在给定区间上是否满足罗尔定理的所有条件？ 如满足，请求出满足定理的 ξ 值.

(1) $f(x) = 2x^2 - x - 3$，$[-1, 1.5]$；　　　(2) $f(x) = x\sqrt{3 - x}$，$[0, 3]$.

3. 已知函数 $f(x) = x^4$ 在区间 $[1, 2]$ 上满足拉格朗日中值定理的条件，试求满足定理的 ξ 值.

4. 函数 $f(x) = x^3$ 与 $g(x) = x^2 + 1$ 在区间 $[1, 2]$ 上是否满足柯西中值定理的所有条件？

如满足，请求出满足定理的 ξ 值.

4.2 洛必达（L'Hospital）法则

如果当 $x \to x_0$ 或 $x \to \infty$ 时，两个函数 $f(x)$，$g(x)$ 都趋向于零或趋向于无穷大，这时极限 $\lim \dfrac{f(x)}{g(x)}$ 可能存在也可能不存在，通常把上述极限叫作不定式，并分别记为 $\dfrac{0}{0}$ 型或 $\dfrac{\infty}{\infty}$ 型. 这两类极限不能直接用极限的运算法则来解决. 下面就这类问题给出一个简单而又有效的法则——洛必达法则.

4.2.1 $\dfrac{0}{0}$ 型不定式的洛必达法则

定理 1 设

（1）当 $x \to x_0$ 时，函数 $f(x)$ 与 $g(x)$ 均为无穷小量，即 $\lim\limits_{x \to x_0} f(x) = 0$，$\lim\limits_{x \to x_0} g(x) = 0$；

（2）在点 x_0 的某个邻域内（点 x_0 可以除外），$f'(x)$ 及 $g'(x)$ 均存在，且 $g'(x) \neq 0$；

（3）$\lim\limits_{x \to x_0} \dfrac{f'(x)}{g'(x)} = A$（或 ∞），

则有

$$\lim_{x \to x_0} \frac{f(x)}{g(x)} = \lim_{x \to x_0} \frac{f'(x)}{g'(x)} = A \ (\text{或} \ \infty).$$

定理 1 中的极限过程 $x \to x_0$ 如果改为 $x \to \infty$，$x \to +\infty$，$x \to -\infty$，$x \to x_0^+$，$x \to x_0^-$ 时结论仍然成立.

这种在一定条件下通过分子、分母分别求导再求极限来确定不定式的值的方法称为洛必达法则.

洛必达法则可以连续使用，但是要注意验证是否满足条件，即如果 $f'(x)$ 与 $g'(x)$ 仍然满足定理 1 的条件，则有

$$\lim_{x \to x_0} \frac{f(x)}{g(x)} = \lim_{x \to x_0} \frac{f'(x)}{g'(x)} = \lim_{x \to x_0} \frac{f''(x)}{g''(x)} = A \ (\text{或} \ \infty),$$

且可依次类推下去.

例 1 求下列 $\dfrac{0}{0}$ 型函数的极限.

（1）$\lim\limits_{x \to 0} \dfrac{\mathrm{e}^x - 1}{x}$；　　　　（2）$\lim\limits_{x \to 0} \dfrac{\ln(1 + x)}{x}$；　　　　（3）$\lim\limits_{x \to 0} \dfrac{\arctan x}{x^2}$；

（4）$\lim\limits_{x \to 0} \dfrac{2(1 - \cos x)}{x^2}$；　　　（5）$\lim\limits_{x \to 0} \dfrac{\ln(1 + \sin x)}{\sin 3x}$；　　　（6）$\lim\limits_{x \to 2} \dfrac{\sin(x^2 - 4)}{x - 2}$.

解　（1）$\lim\limits_{x \to 0} \dfrac{\mathrm{e}^x - 1}{x} = \lim\limits_{x \to 0} \dfrac{\mathrm{e}^x}{1} = 1$；

（2）$\lim\limits_{x \to 0} \dfrac{\ln(1 + x)}{x} = \lim\limits_{x \to 0} \dfrac{\dfrac{1}{1 + x}}{1} = \lim\limits_{x \to 0} \dfrac{1}{1 + x} = 1$；

（3）$\lim\limits_{x \to 0} \dfrac{\arctan x}{x^2} = \lim\limits_{x \to 0} \dfrac{\dfrac{1}{1 + x^2}}{2x} = \lim\limits_{x \to 0} \dfrac{1}{2x(1 + x^2)} = \infty$；

$(4)\lim\limits_{x\to0}\dfrac{2(1-\cos x)}{x^2}=\lim\limits_{x\to0}\dfrac{2\sin x}{2x}=\lim\limits_{x\to0}\dfrac{\cos x}{1}=1;$

$(5)\lim\limits_{x\to0}\dfrac{\ln(1+\sin x)}{\sin3x}=\lim\limits_{x\to0}\dfrac{\frac{\cos x}{1+\sin x}}{3\cos3x}=\lim\limits_{x\to0}\dfrac{\cos x}{3(1+\sin x)\cos3x}=\dfrac{1}{3};$

$(6)\lim\limits_{x\to2}\dfrac{\sin(x^2-4)}{x-2}=\lim\limits_{x\to2}\dfrac{2x\cos(x^2-4)}{1}=4.$

例2　求极限　$\lim\limits_{x\to\frac{\pi}{3}}\dfrac{\sin\left(x-\frac{\pi}{3}\right)}{1-2\cos x}.$

解　此为$\dfrac{0}{0}$型不定式,应用洛必达法则得

$$\lim\limits_{x\to\frac{\pi}{3}}\dfrac{\sin\left(x-\frac{\pi}{3}\right)}{1-2\cos x}=\lim\limits_{x\to\frac{\pi}{3}}\dfrac{\cos\left(x-\frac{\pi}{3}\right)}{2\sin x}=\dfrac{\cos0}{2\sin\frac{\pi}{3}}=\dfrac{\sqrt{3}}{3}.$$

例3　求极限　$\lim\limits_{x\to0}\dfrac{e^x+e^{-x}-2}{1-\cos x}.$

解　此为$\dfrac{0}{0}$型不定式,连续使用洛必达法则得

$$\lim\limits_{x\to0}\dfrac{e^x+e^{-x}-2}{1-\cos x}=\lim\limits_{x\to0}\dfrac{e^x-e^{-x}}{\sin x}=\lim\limits_{x\to0}\dfrac{e^x+e^{-x}}{\cos x}=2.$$

4.2.2　$\dfrac{\infty}{\infty}$型不定式的洛必达法则

如果当$x\to x_0$时,函数$f(x)$与$g(x)$均为无穷大量,则$\dfrac{f(x)}{g(x)}$的极限问题也有类似于定理1的结论,且也称之为洛必达法则,这就是下面的定理2.

定理2　设

(1)当$x\to x_0$时,函数$f(x)$与$g(x)$均为无穷大量;

(2)在点x_0的某个邻域内(点x_0可以除外),$f'(x)$及$g'(x)$均存在,且$g'(x)\neq0$;

(3)$\lim\limits_{x\to x_0}\dfrac{f'(x)}{g'(x)}=A($或$\infty),$

则有

$$\lim\limits_{x\to x_0}\dfrac{f(x)}{g(x)}=\lim\limits_{x\to x_0}\dfrac{f'(x)}{g'(x)}=A\ (或\infty).$$

定理2中的极限过程$x\to x_0$如果改为$x\to\infty$,$x\to+\infty$,$x\to-\infty$,$x\to x_0^+$,$x\to x_0^-$时结论仍然成立.

$\dfrac{\infty}{\infty}$型洛必达法则可以连续使用,但是要注意验证是否满足条件,即如果$f'(x)$与$g'(x)$仍然满足定理2的条件,则有

$$\lim\limits_{x\to x_0}\dfrac{f(x)}{g(x)}=\lim\limits_{x\to x_0}\dfrac{f'(x)}{g'(x)}=\lim\limits_{x\to x_0}\dfrac{f''(x)}{g''(x)}=A\ (或\infty),$$

且可依次类推下去.

例 4　求极限 $\lim\limits_{x\to\infty}\dfrac{x^2+1}{x^2+x}$.

解　此为 $\dfrac{\infty}{\infty}$ 型不定式，应用洛必达法则得

$$\lim_{x\to\infty}\frac{x^2+1}{x^2+x}=\lim_{x\to\infty}\frac{2x}{2x+1}=\lim_{x\to\infty}\frac{2}{2}=1.$$

例 5　求极限 $\lim\limits_{x\to+\infty}\dfrac{x^\alpha}{\ln x}(\alpha>0)$.

解　此为 $\dfrac{\infty}{\infty}$ 型不定式，应用洛必达法则得

$$\lim_{x\to+\infty}\frac{x^\alpha}{\ln x}=\lim_{x\to+\infty}\frac{\alpha x^{\alpha-1}}{\dfrac{1}{x}}=\lim_{x\to+\infty}\alpha x^\alpha=+\infty.$$

类似地有 $\lim\limits_{x\to+\infty}\dfrac{\ln x}{x^\alpha}(\alpha>0)=\lim\limits_{x\to+\infty}\dfrac{\dfrac{1}{x}}{\alpha x^{\alpha-1}}=\lim\limits_{x\to+\infty}\dfrac{1}{\alpha x^\alpha}=0.$

例 6　求极限 $\lim\limits_{x\to+\infty}\dfrac{x^n}{\mathrm{e}^x}$　（n 为正整数）.

解　此为 $\dfrac{\infty}{\infty}$ 型不定式，连续 n 次应用洛必达法则得

$$\lim_{x\to+\infty}\frac{x^n}{\mathrm{e}^x}=\lim_{x\to+\infty}\frac{nx^{n-1}}{\mathrm{e}^x}=\lim_{x\to+\infty}\frac{n(n-1)x^{n-2}}{\mathrm{e}^x}=\cdots=\lim_{x\to+\infty}\frac{n!}{\mathrm{e}^x}=0.$$

类似的有 $\lim\limits_{x\to+\infty}\dfrac{\mathrm{e}^x}{x^n}=\lim\limits_{x\to+\infty}\dfrac{\mathrm{e}^x}{n!}=\infty.$

例 5、例 6 表明了对数函数、幂函数、指数函数当 $x\to+\infty$ 时，增长快慢的程度.

利用洛必达法则求极限，既简单又容易掌握，是求极限的有力工具．但是，使用时必须注意以下一些问题.

（1）要注意验证法则的条件，不是 $\dfrac{0}{0}$ 或 $\dfrac{\infty}{\infty}$ 型不定式不能使用洛必达法则.

例如，如果对极限 $\lim\limits_{x\to0}\dfrac{1-\cos x}{1-x^2}$ 应用洛必达法则就得

$$\lim_{x\to0}\frac{1-\cos x}{1-x^2}=\lim_{x\to0}\frac{\sin x}{-2x}=-\frac{1}{2}.$$

这显然是错误的，因为利用函数的连续性得 $\lim\limits_{x\to0}\dfrac{1-\cos x}{1-x^2}=0.$

这是因为此极限问题不是 $\dfrac{0}{0}$ 型不定式而应用了洛必达法则所产生的错误结果.

（2）洛必达法则是充分而非必要的条件.

例如，极限

$$\lim_{x\to\infty}\frac{x-\sin x}{x+\sin x}=\lim_{x\to\infty}\frac{1-\dfrac{\sin x}{x}}{1+\dfrac{\sin x}{x}}=1.$$

虽然所给极限是 $\dfrac{\infty}{\infty}$ 型不定式，但是如果应用洛必达法则就会得到

$$\lim_{x\to\infty}\frac{x-\sin x}{x+\sin x}=\lim_{x\to\infty}\frac{1-\cos x}{1+\cos x},$$

这个极限不存在，但这并不说明原极限不存在，而只能说明所给极限不能用洛必达法则来求.
即洛必达法则失效时，极限仍可能存在.

4.2.3 其他类型的不定式

其他类型不定式的极限问题是指 $0\cdot\infty$ 型、$\infty-\infty$ 型、1^{∞} 型、0^{0} 型、∞^{0} 型等的不定式，解决这些不定式问题的方法是经过适当的变型，将它们化为 $\dfrac{0}{0}$ 型或 $\dfrac{\infty}{\infty}$ 型的不定式来计算，下面分别介绍.

1. $0\cdot\infty$ 型不定式

对于 $0\cdot\infty$ 型不定式，通常利用 $u\cdot v=\dfrac{u}{v^{-1}}$ 将其化为 $\dfrac{0}{0}$ 型或 $\dfrac{\infty}{\infty}$ 型.

例 7 求极限 $\lim\limits_{x\to 0^{+}}x^{\alpha}\ln x\,(\alpha>0)$.

解 这是 $0\cdot\infty$ 型不定式，把 $x^{\alpha}\ln x$ 改写 $\dfrac{\ln x}{x^{-\alpha}}$，则有

$$\lim_{x\to 0^{+}}x^{\alpha}\ln x=\lim_{x\to 0^{+}}\frac{\ln x}{x^{-\alpha}}=\lim_{x\to 0^{+}}\frac{\dfrac{1}{x}}{-\alpha x^{-\alpha-1}}=\lim_{x\to 0^{+}}\frac{-x^{\alpha}}{\alpha}=0.$$

例 8 求极限 $\lim\limits_{x\to+\infty}x\left(\dfrac{\pi}{2}-\arctan x\right)$.

解 这是 $0\cdot\infty$ 型不定式，

$$\lim_{x\to+\infty}x\left(\frac{\pi}{2}-\arctan x\right)=\lim_{x\to+\infty}\frac{\dfrac{\pi}{2}-\arctan x}{\dfrac{1}{x}}=\lim_{x\to+\infty}\frac{-\dfrac{1}{1+x^{2}}}{-\dfrac{1}{x^{2}}}$$

$$=\lim_{x\to+\infty}\frac{x^{2}}{1+x^{2}}=1.$$

2. $\infty-\infty$ 型不定式

这种类型的不定式，通常将其转化为一个分式，从而转化为 $\dfrac{0}{0}$ 型或 $\dfrac{\infty}{\infty}$ 型.

例 9 求极限 $\lim\limits_{x\to 1}\left(\dfrac{x}{1-x}-\dfrac{1}{\ln x}\right)$.

解 这是 $\infty-\infty$ 型不定式，先通过通分，把 $\dfrac{x}{1-x}-\dfrac{1}{\ln x}$ 改写为 $\dfrac{x\ln x-(1-x)}{(1-x)\ln x}$，于是得到 $\dfrac{0}{0}$ 型不定式. 所以

$$\lim_{x\to 1}\left(\frac{x}{1-x}-\frac{1}{\ln x}\right)=\lim_{x\to 1}\frac{x\ln x-(1-x)}{(1-x)\ln x}=\lim_{x\to 1}\frac{\ln x+2}{\dfrac{1-x}{x}-\ln x}=\infty.$$

若求极限 $\lim\limits_{x \to 1}\left(\dfrac{x}{x-1} - \dfrac{1}{\ln x}\right)$, 其结果又如何呢?

3. 指数型不定式

幂指函数 $y = u^v$ 的极限问题, 如 1^∞ 型、0^0 型、∞^0 型等的不定式, 可先考虑化为 $y = u^v = \mathrm{e}^{v\ln u}$ 的形式, 再利用 $\dfrac{0}{0}$ 型、$\dfrac{\infty}{\infty}$ 型或 $0 \cdot \infty$ 型不定式的求法来确定极限.

例 10 求极限 $\lim\limits_{x \to 0^+} x^x$.

解 这是 0^0 型不定式, 把 x^x 改写为 $x^x = \mathrm{e}^{x\ln x}$, 于是有

$$\lim_{x \to 0^+} x^x = \lim_{x \to 0^+} \mathrm{e}^{x\ln x} = \mathrm{e}^{\lim\limits_{x \to 0^+} x\ln x},$$

又因为

$$\lim_{x \to 0^+} x\ln x = \lim_{x \to 0^+} \frac{\ln x}{\dfrac{1}{x}} = \lim_{x \to 0^+} \frac{\dfrac{1}{x}}{-\dfrac{1}{x^2}} = -\lim_{x \to 0^+} x = 0.$$

所以

$$\lim_{x \to 0^+} x^x = \mathrm{e}^{\lim\limits_{x \to 0^+} x\ln x} = \mathrm{e}^0 = 1.$$

例 11 求极限 $\lim\limits_{x \to 0^+} (\cot x)^{\sin x}$.

解 这是 ∞^0 型不定式, 把 $(\cot x)^{\sin x}$ 改写为 $(\cot x)^{\sin x} = \mathrm{e}^{\sin x(\ln \cot x)}$, 于是

$$\lim_{x \to 0^+} (\cot x)^{\sin x} = \lim_{x \to 0^+} \mathrm{e}^{\sin x(\ln \cot x)} = \mathrm{e}^{\lim\limits_{x \to 0^+} \sin x(\ln \cot x)},$$

又因为

$$\lim_{x \to 0^+} \sin x(\ln \cot x) = \lim_{x \to 0^+} \frac{\ln \cot x}{\csc x} = \lim_{x \to 0^+} \frac{\dfrac{1}{\cot x}(-\csc^2 x)}{-\csc x \cdot \cot x} = \lim_{x \to 0^+} \frac{\sin x}{\cos^2 x} = 0,$$

所以

$$\lim_{x \to 0^+} (\cot x)^{\sin x} = \lim_{x \to 0^+} \mathrm{e}^{\sin x(\ln \cot x)} = \mathrm{e}^0 = 1.$$

例 12 求极限 $\lim\limits_{x \to \infty}\left(\sin \dfrac{2}{x} + \cos \dfrac{1}{x}\right)^x$.

解 这是 1^∞ 型不定式, 可以转化为 $0 \cdot \infty$ 型, 进而转化为 $\dfrac{0}{0}$ 型.

$\lim\limits_{x \to \infty}\left(\sin \dfrac{2}{x} + \cos \dfrac{1}{x}\right)^x = \lim\limits_{x \to \infty} \mathrm{e}^{x\ln\left(\sin\frac{2}{x}+\cos\frac{1}{x}\right)} = \mathrm{e}^{\lim\limits_{x \to \infty} x\ln\left(\sin\frac{2}{x}+\cos\frac{1}{x}\right)}$, 为了求导方便, 我们设

$\dfrac{1}{x} = t$, 当 $x \to \infty$, $t \to 0$, 于是,

$$\lim_{x \to \infty} x\ln\left(\sin \frac{2}{x} + \cos \frac{1}{x}\right) = \lim_{t \to 0} \frac{1}{t}\ln(\sin 2t + \cos t) = \lim_{t \to 0} \frac{2\cos 2t - \sin t}{\sin 2t + \cos t} = 2,$$

所以, $\lim\limits_{x \to \infty}\left(\sin \dfrac{2}{x} + \cos \dfrac{1}{x}\right)^x = \mathrm{e}^2$.

第二个重要极限 $\lim\limits_{x \to \infty}\left(1 + \dfrac{1}{x}\right)^x$ 就是指数型 (1^∞) 不定式, 可用洛必达法则来验证

$$\lim_{x \to \infty}\left(1 + \frac{1}{x}\right)^x = \mathrm{e}.$$

习题 4.2

1. 利用洛必达法则计算下列极限.

$(1) \lim\limits_{x \to 0} \dfrac{\ln(1+x)}{x^2}$;

$(2) \lim\limits_{x \to \frac{\pi}{2}} \dfrac{\cos x}{x - \dfrac{\pi}{2}}$;

$(3) \lim\limits_{x \to 0} \dfrac{e^x - e^{-x}}{\sin x}$;

$(4) \lim\limits_{x \to a} \dfrac{\sin x - \sin a}{x - a}$;

$(5) \lim\limits_{x \to 0} \dfrac{\sin 3x}{\tan 5x}$;

$(6) \lim\limits_{x \to 0^+} \dfrac{\ln 7x}{\ln 2x}$;

$(7) \lim\limits_{x \to \frac{\pi}{2}} \dfrac{\tan x}{\tan 3x}$;

$(8) \lim\limits_{x \to +\infty} \dfrac{\dfrac{\pi}{2} - \arctan x}{\dfrac{1}{x}}$;

$(9) \lim\limits_{x \to 0} \dfrac{\sin ax}{\sin bx}\,(b \neq 0)$;

$(10) \lim\limits_{x \to 1} \dfrac{x^3 - 3x + 2}{x^3 - x^2 - x + 1}$;

$(11) \lim\limits_{x \to 1} \dfrac{2x^2 - 5x + 3}{4x^2 - 5x + 1}$;

$(12) \lim\limits_{x \to +\infty} \dfrac{x + \cos x}{x}$;

$(13) \lim\limits_{x \to 0^+} \dfrac{\ln x}{\ln(\sin x)}$;

$(14) \lim\limits_{x \to 0} \dfrac{1 - \cos 2x}{x^2}$;

$(15) \lim\limits_{x \to +\infty} \dfrac{\ln x}{x^2}$;

$(16) \lim\limits_{x \to 0} \dfrac{x(x-1)}{\sin x}$;

$(17) \lim\limits_{x \to 0^+} \dfrac{\ln(1 - 2x)}{\sin x}$;

$(18) \lim\limits_{x \to 0} \dfrac{\arcsin 2x}{x}$;

$(19) \lim\limits_{x \to 1} \dfrac{\ln x}{(x-1)^2}$.

2. 计算下列极限.

$(1) \lim\limits_{x \to 0} \left(\dfrac{1}{x} - \dfrac{1}{e^x - 1} \right)$;

$(2) \lim\limits_{x \to \pi} (x - \pi) \tan \dfrac{x}{2}$;

$(3) \lim\limits_{x \to +\infty} \left(\dfrac{2}{\pi} \arctan x \right)^x$.

4.3　函数的单调性与极值

在第 1 章, 我们复习了函数的单调性. 单调函数在高等数学中占有重要的地位. 下面我们着重讨论函数单调性与其导数之间的关系, 从而提出一种利用导数判定函数单调性的有效方法.

4.3.1　函数的单调性

从直观上看, 单调递增函数的图形为从左到右上升的曲线. 这时曲线上各点处的切线斜率是非负的, 即 $y' = f'(x) \geq 0$, 如图 4-3-1 所示. 单调递减函数的图形为从左到右下降的曲线. 这时曲线上各点处的切线斜率是非正的, 即 $y' = f'(x) \leq 0$, 如图 4-3-2 所示.

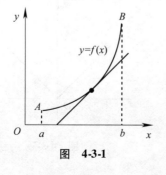

图　4-3-1

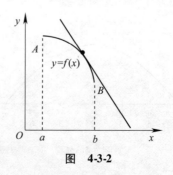

图　4-3-2

由此可见，函数的单调性与导数的符号有着密切的联系. 具体讨论如下：

设 x_1，x_2 是 $[a, b]$ 上任意两点，且 $x_1 < x_2$，由拉格朗日中值定理有

$$f(x_2) - f(x_1) = f'(\xi)(x_2 - x_1) \quad (x_1 < \xi < x_2).$$

因为 $x_2 - x_1 > 0$，若 $f'(x) > 0$，必有 $f'(\xi) > 0$，则 $f(x_2) - f(x_1) > 0$，由定义知函数 $f(x)$ 在 $[a, b]$ 上单调增加；同理若 $f'(x) < 0$，必有 $f'(\xi) < 0$，则 $f(x_2) - f(x_1) < 0$，函数 $f(x)$ 在 $[a, b]$ 上单调减少. 由此得

定理 1 设函数 $y = f(x)$ 在 $[a, b]$ 上连续，在 (a, b) 内可导，则有

(1) 若在 (a, b) 内，$f'(x) > 0$，则函数 $f(x)$ 在 $[a, b]$ 上单调增加.

(2) 若在 (a, b) 内，$f'(x) < 0$，则函数 $f(x)$ 在 $[a, b]$ 上单调减少.

把定理 1 中的闭区间换成其他各种区间（包括无穷区间），结论仍然成立.

例 1 利用导数判断函数 $y = x^3$ 的增减性.

解 函数的定义域为 $(-\infty, +\infty)$，由于 $y' = 3x^2 > 0$ $(x \neq 0)$，据定理 1 可知，函数 $y = x^3$ 在 $(-\infty, 0)$ 和 $(0, +\infty)$ 内均单调增加. 而 $y = x^3$ 在点 $x = 0$ 处连续，故函数 $y = x^3$ 在 $(-\infty, +\infty)$ 内是单调增加的，如图 4-3-3 所示.

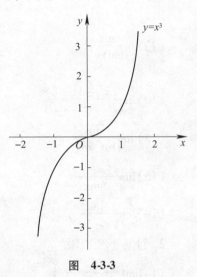

图 4-3-3

由例 1 可知，若可导函数仅在有限个点处导数为零，在其余点处导数均为正（或负），则函数在该区间内仍然单调增加（或单调减少）.

有时，函数在其整个定义域内并不具有单调性，但在其部分区间却具有单调性.

例 2 利用导数判断函数 $y = \sin x$，$x \in (0, \pi)$ 的增减性.

解 因为 $y' = \cos x$，当 $0 < x < \dfrac{\pi}{2}$ 时，$y' > 0$，当 $\dfrac{\pi}{2} < x < \pi$ 时，$y' < 0$，

所以，函数 $y = \sin x$ 在 $\left(0, \dfrac{\pi}{2}\right)$ 内单调增加，在 $\left(\dfrac{\pi}{2}, \pi\right)$ 内单调减少，如图 4-3-4 所示.

对于连续函数 $y = f(x)$，使 $f'(x) = 0$ 的点 $x = x_0$ 可能是函数的递增区间和递减区间的分界点.

使 $f'(x) = 0$ 的点 x 称为函数 $f(x)$ 的**驻点**.

除此之外，$f'(x)$ 不存在的点也可能是递增区间和递减区间的分界点. 如 $y = |x|$，$x = 0$ 时 $f'(x)$ 不存在，但 $x = 0$ 是函数 $y = |x|$ 递增区间和递减区间的分界点，如图 4-3-5 所示.

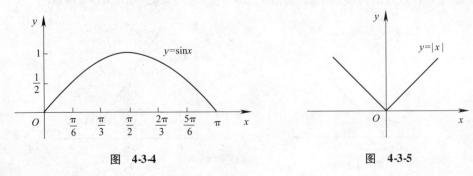

图 4-3-4

图 4-3-5

通过求 $f'(x)=0$ 和 $f'(x)$ 不存在的点，可以找到连续函数单调区间可能的分界点. 找到连续函数单调区间可能的分界点后，就可以将函数的定义域划分出若干个区间，在每个区间上，根据判定函数单调性的定理，由 $f'(x)$ 的符号来确定函数的单调区间.

总结上述分析，归纳求单调区间的具体步骤如下：

(1) 确定函数的定义域；

(2) 求出函数的驻点和使 y' 不存在的点；

(3) 用上述点将函数的定义域划分成若干个小区间；

(4) 在每个小区间上，判定 $f'(x)$ 的符号，根据 $f'(x)$ 符号判断函数 $y=f(x)$ 在各区间上的单调性.

例 3　确定函数 $f(x)=2x^3-9x^2+12x-3$ 的单调区间.

解　函数 $f(x)$ 的定义域是 $(-\infty,+\infty)$.

$f'(x)=6x^2-18x+12=6(x-1)(x-2)$，

令 $f'(x)=0$，得驻点 $x_1=1$，$x_2=2$，没有导数不存在的点，

$x_1=1$，$x_2=2$ 把定义域 $(-\infty,+\infty)$ 分为三个区间 $(-\infty,1)$，$(1,2)$，$(2,+\infty)$，

列表 4-3-1 讨论函数 $f(x)$ 的单调性.

表　**4-3-1**

x	$(-\infty,1)$	1	$(1,2)$	2	$(2,+\infty)$
$f'(x)$	+	0	−	0	+
$f(x)$	↗		↘		↗

由表 4-3-1 可知，函数 $f(x)$ 在区间 $(-\infty,1)$ 和 $(2,+\infty)$ 内单调递增，在 $(1,2)$ 内单调递减.

例 4　求函数 $y=\sqrt[3]{x^2}$ 的单调区间.

解　函数的定义域是 $(-\infty,+\infty)$.

$f'(x)=\dfrac{2}{3\sqrt[3]{x}}$，当 $x=0$ 时，导数不存在.

在 $(-\infty,+\infty)$ 内，没有驻点，$x=0$ 将定义域 $(-\infty,+\infty)$ 分成 $(-\infty,0)$ 和 $(0,+\infty)$ 两个区间.

在 $(-\infty,0)$ 内，$f'(x)<0$，所以函数 $y=\sqrt[3]{x^2}$ 在 $(-\infty,0)$ 内单调减少；在 $(0,+\infty)$ 内，$f'(x)>0$，所以函数 $y=\sqrt[3]{x^2}$ 在 $(0,+\infty)$ 内单调增加，如图 4-3-6 所示.

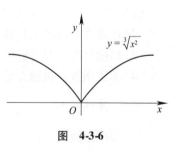

图　**4-3-6**

4.3.2　函数的极值

利用导数可以求出函数的单调区间，对于函数的增减区间的分界点，在应用上具有典型的实际意义. 反映在曲线上，就是曲线在定义区间内的波峰和波谷. 为此给出下面的定义.

定义　设函数 $y=f(x)$ 在点 x_0 的某个邻域内有定义，

(1) 如果对于该邻域内任意的 $x(x\neq x_0)$ 总有 $f(x)<f(x_0)$，则称 $f(x_0)$ 为函数 $f(x)$ 的**极大值**，并称点 x_0 是 $f(x)$ 的**极大值点**.

(2) 如果对于该邻域内任意的 $x(x\neq x_0)$ 总有 $f(x)>f(x_0)$，则称 $f(x_0)$ 为函数 $f(x)$ 的**极小**

值，并称点 x_0 是 $f(x)$ 的**极小值点**.

函数的极大值和极小值统称为函数的**极值**，极大值点和极小值点统称为**极值点**.

注：极值是一个局部性的概念，它只是与极值点附近点的函数值相比是较大或较小，并不意味着整个定义区间内为最大或最小. 函数在定义域内的极值不唯一，可能有多个极大值和极小值，其中有的极大值比极小值还小，如图 4-3-7 所示，函数在 x_1，x_3 处取得极大值，在 x_2，x_4 处取得极小值，而极大值 $f(x_1)$ 甚至比极小值 $f(x_4)$ 还小.

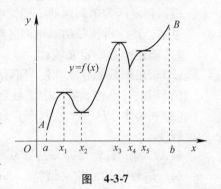

图 4-3-7

极值点处如果有切线，则一定是水平方向的. 但反之则不然，即具有水平切线的点不一定是极值点. 如图 4-3-7 所示，x_5 处切线是水平的，但 x_5 却不是极值点.

定理 2 （极值存在的必要条件）如果函数 $f(x)$ 在 x_0 处有极值 $f(x_0)$，且 $f'(x_0)$ 存在，则 $f'(x_0)=0$.

由定理 2 知，可导函数的极值点一定是驻点. 但驻点并不一定是极值点，图 4-3-7 中 x_5 是驻点但却不是极值点. 而导数不存在的点有可能是极值点，如图 4-3-7 中的 x_4.

连续函数的极值点正是其单调区间的分界点，因此，若 $f(x)$ 在 x_0 处取得极值，则 $f'(x_0)=0$ 或 $f'(x_0)$ 不存在. 那么如何判断这些点是否为极值点呢？

定理 3 （极值存在的第一充分条件）设函数 $f(x)$ 在点 x_0 的近旁可导且 $f'(x_0)=0$ 或 $f'(x_0)$ 不存在，x 为点 x_0 近旁的任意一点（$x \neq x_0$）.

(1) 如果 $x<x_0$ 时，$f'(x)>0$，而 $x>x_0$ 时，$f'(x)<0$，那么 $f(x)$ 在点 x_0 处取得极大值.

(2) 如果 $x<x_0$ 时，$f'(x)<0$，而 $x>x_0$ 时，$f'(x)>0$，那么 $f(x)$ 在点 x_0 处取得极小值.

(3) 如果在点 x_0 左、右两侧 $f'(x)$ 不变号，那么 $f(x)$ 在点 x_0 处不取得极值.

因此，求极值的步骤可归纳如下：

(1) 确定函数的定义域；

(2) 在定义域内求出函数的驻点和 $f'(x)$ 不存在的点，即定义域内所有可能的极值点；

(3) 根据定理 3 对可能的极值点进行判别（可列表）；

(4) 求出函数在极值点处的函数值，得到全部极值.

例 5 求函数 $f(x)=\dfrac{1}{3}x^3-x^2-3x+3$ 的极值.

解 函数 $f(x)$ 的定义域为 $(-\infty，+\infty)$，因为
$$f'(x)=x^2-2x-3=(x+1)(x-3)，$$
令 $f'(x)=0$，得驻点 $x_1=-1$，$x_2=3$. 列表 4-3-2，

表 4-3-2

x	$(-\infty，-1)$	-1	$(-1，3)$	3	$(3，+\infty)$
$f'(x)$	+	0	−	0	+
$f(x)$	↗	极大值 $\dfrac{14}{3}$	↘	极小值 −6	↗

由表可知，函数的极大值为 $f(-1) = \dfrac{14}{3}$，极小值为 $f(3) = -6$.

例 6　求函数 $f(x) = (x^2 - 1)^3 + 1$ 的极值.

解　函数 $f(x)$ 的定义域为 $(-\infty, +\infty)$，因为
$$f'(x) = 3(x^2 - 1)^2 \cdot 2x = 6x(x+1)^2(x-1)^2,$$
令 $f'(x) = 0$，得驻点 $x_1 = -1$，$x_2 = 0$，$x_3 = 1$. 列表 4-3-3,

表　4-3-3

x	$(-\infty, -1)$	-1	$(-1, 0)$	0	$(0, 1)$	1	$(1, +\infty)$
$f'(x)$	$-$	0	$-$	0	$+$	0	$+$
$f(x)$	↘		↘	极小值 0	↗		↗

由表可知，函数的极小值为 $f(0) = 0$. 驻点 $x_1 = -1$ 和 $x_3 = 1$ 不是极值点.

当函数在驻点处二阶导数存在(且不为零)时，有

定理 4　（极值存在的第二充分条件）设函数 $f(x)$ 在点 x_0 处具有二阶导数且 $f'(x_0) = 0$，$f''(x_0) \neq 0$，

(1) 如果 $f''(x_0) < 0$，那么 x_0 为函数 $f(x)$ 的极大值点，$f(x_0)$ 为极大值.

(2) 如果 $f''(x_0) > 0$，那么 x_0 为函数 $f(x)$ 的极小值点，$f(x_0)$ 为极小值.

注：如果 $f'(x_0) = 0$，且 $f''(x_0) = 0$（或 $f''(x_0)$ 不存在），那么极值存在的第二充分条件就失效了，仍要用第一充分条件进行判断.

例 7　求函数 $f(x) = x^4 - 2x^2 - 5$ 的极值.

解　函数 $f(x)$ 的定义域为 $(-\infty, +\infty)$，因为
$$f'(x) = 4x^3 - 4x = 4x(x+1)(x-1),$$
令 $f'(x) = 0$，得驻点 $x_1 = -1$，$x_2 = 0$，$x_3 = 1$.

因为 $f''(x) = 12x^2 - 4$，且 $f''(\pm 1) = 8 > 0$，$f''(0) = -4 < 0$，

所以函数的极小值为 $f(\pm 1) = -6$，极大值为 $f(0) = -5$.

4.3.3　函数的最值

在实际生活中，常会遇到：在一定条件下，怎样使"产量最高""用料最省""成本最低""耗时最少"等问题. 这一类问题在数学上可归结为函数的最大值、最小值问题.

在闭区间 $[a, b]$ 上连续的函数 $f(x)$ 一定存在最大值和最小值. 由于函数的最值可在区间内部取到，也可在区间的端点上取到，如果是在区间内部取到，那么这个最值一定是函数的极值，因此求 $f(x)$ 在区间 $[a, b]$ 上的最值，可求出一切可能的极值点（驻点及尖点）和端点处的函数值，进行比较，其中最大者就是函数的最大值，最小者就是函数的最小值.

例 8　求函数 $y = x^4 - 4x^2 + 6$ 在区间 $[-3, 3]$ 上的最大值和最小值.

解　因为 $y' = 4x^3 - 8x$，

令 $y' = 0$，得驻点 $x_1 = -\sqrt{2}$，$x_2 = 0$，$x_3 = \sqrt{2}$.

因此 $y|_{x = \pm\sqrt{2}} = 2$，$y|_{x=0} = 6$，而 $y|_{x = \pm 3} = 51$.

经比较，得函数的最大值为 $y = 51$，最小值为 $y = 2$.

如果函数 $f(x)$ 在一个开区间内连续且有唯一的极值点 x_0，则当 $f(x_0)$ 为极大值时，$f(x_0)$ 就是 $f(x)$ 在该区间上的最大值；当 $f(x_0)$ 为极小值时，$f(x_0)$ 就是 $f(x)$ 在开区间上的最小值，如图 4-3-8 所示.

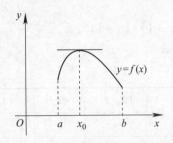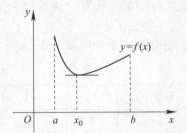

图　4-3-8

例9　求函数 $f(x) = (x^2 - 1)^3 + 1$ 的最值.

解　由例6可知，$x = 0$ 是函数 $f(x)$ 的极小值点，且在整个定义域中极值点是唯一的，故函数的极小值就是函数的最小值，为 $f(0) = 0$，不存在最大值.

下面讨论求最值的应用题.

在实际问题中，往往可以根据实际情况断定函数 $f(x)$ 在其定义区间内确有最值存在，而当可导函数 $f(x)$ 在这个定义区间内又只有唯一的驻点 x_0，则可断定 $f(x)$ 在点 x_0 处取到了相应的最值.

例10　有一块长为 a，宽为 $\dfrac{3}{8}a$ 的长方形铁片，将它的四角各剪去一个大小相同的小正方形，四边折起，做成一个无盖的长方盒. 问截去的小正方形的边长为多少时，其容积最大？

解　如图 4-3-9 所示，设小正方形的边长为 x，则其容积为

$$V(x) = x(a - 2x)\left(\frac{3}{8}a - 2x\right) = 4x^3 - \frac{11}{4}ax^2 + \frac{3}{8}a^2x \quad \left(0 < x < \frac{3}{16}a\right),$$

$$V'(x) = 12x^2 - \frac{11}{2}ax + \frac{3}{8}a^2 = 12\left(x - \frac{1}{12}a\right)\left(x - \frac{3}{8}a\right),$$

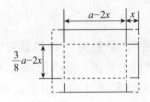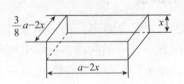

图　4-3-9

得驻点 $x_1 = \dfrac{1}{12}a$，$x_2 = \dfrac{3}{8}a$（舍），所以 $x_1 = \dfrac{1}{12}a$ 是唯一的驻点. 又该实际问题的最值一定存在，故当小正方形的边长为 $x_1 = \dfrac{1}{12}a$ 时，长方体的容积最大.

例11　设铁路边上离工厂 C 最近的点 A 距工厂 20km，铁路边上 B 城距点 A 200km，现要在铁路线 AB 上选定一点 D 修筑一条公路，已知铁路与公路每吨千米的货运费之比为 $3:5$，问 D 选在何处时，才能使产品从工厂 C 运到 B 城的每吨货物的总运费最省？

解　如图 4-3-10 所示，设点 D 选在距离点 A $x\text{km}$ 处，又设铁路与公路的每吨千米货运费分

别为 $3k$，$5k$（k 为常数），则产品从 C 处运到 B 城的每吨总运费为

$$y = 5k \cdot CD + 3k \cdot BD$$
$$= 5k \sqrt{400 + x^2} + 3k(200 - x)\,(0 \leqslant x \leqslant 200).$$

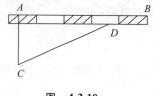

图　4-3-10

因为 $y' = 5k \dfrac{x}{\sqrt{400 + x^2}} - 3k = \dfrac{k(5x - 3\sqrt{400 + x^2})}{\sqrt{400 + x^2}}$，

令 $y' = 0$，即 $5x = 3\sqrt{400 + x^2}$，得 $x = 15$.

将 $y|_{x=15} = 680k$，与闭区间 $[0，200]$ 端点处的函数值比较，由于 $y|_{x=0} = 700k$，

$y|_{x=200} = 5\sqrt{40400}k > 1000k$，因此，当点 D 选在距离点 A 15km 处时每吨货物的总运费最省.

4.3.4　经济学中的应用

例 12　最大收益　某公司销售一种灯具，设 x 表示每月销售量，这种灯具依据过去数据统计，其价格需求函数为 $P = 100 - 0.01x$，其中 P 为灯具价格（以元为单位），试求其达到最大收益时的每月销售量.

解　由于 收益 = 价格 × 需求量 ，这里需求量指每月销售量，

即　　　　　　　　$R(x) = P \cdot x = (100 - 0.01x)x = 100x - 0.01x^2.$

因为价格和需求量是非负的，所以 $x \geqslant 0$，$P = 100 - 0.01x \geqslant 0$，

即该问题所考虑 x 的变化区域为 $0 \leqslant x \leqslant 10000$. 下面求在这个区域内 $R(x)$ 的最大值. 首先对 $R(x)$ 求一阶导数

$$R'(x) = 100 - 0.02x.$$

令 $R'(x) = 0$，得驻点 $x = 5000$，由于 $R''(x) = -0.02 < 0$，所以 $R(x)$ 在 $x = 5000$ 时达到最大值为

$$R(5000) = 250000(元)，$$

此时　　　　　　　　$P = 100 - 0.01 \times 5000 = 50(元).$

即该公司当销售灯具价格为 50 元时，销售量每个月达到 5000 盏时，此时公司收益最大.

例 13　最低成本　某工厂生产某型号产品 x 件，其成本函数为

$$C(x) = 200 + 50x - 50\ln x(单位：元).$$

试求其最低平均成本.

解　平均成本函数记为 $\overline{C}(x)$，则

$$\overline{C}(x) = \frac{C(x)}{x} = \frac{200}{x} + 50 - 50\frac{\ln x}{x} \quad (x > 0)，$$

$$\overline{C}'(x) = -\frac{200}{x^2} - 50 \cdot \frac{\frac{1}{x} \cdot x - \ln x}{x^2}$$

$$= 50\left(-\frac{4}{x^2} - \frac{1 - \ln x}{x^2}\right)$$

$$= 50 \cdot \frac{\ln x - 5}{x^2}.$$

令 $\overline{C}'(x) = 0$，得 $\overline{C}(x)$ 的驻点为 $x = e^5$，并在定义域内为无导数不存在的点. 由实际意义知必存在最低成本（也可以应用定理 3、定理 4 判定）. 因此当 $x = e^5 \approx 148(件)$ 时，达到最低平均成本

（近似值）为

$$\overline{C}(148) = \frac{200}{148} + 50 - \frac{250}{148} \approx 50 \, (\text{元})$$

该平均成本低于刚开始生产时的生产成本，如生产 $7 (\approx e^2)$ 件产品时，平均成本为

$$\overline{C}(7) = \frac{200}{7} + 50 - 50 \times \frac{\ln 7}{7} \approx 64 \, (\text{元})$$

当生产 $20 (\approx e^3)$ 件产品时，平均成本为

$$\overline{C}(20) = \frac{200}{20} + 50 - 50 \times \frac{\ln 20}{20} \approx 52.5 \, (\text{元})$$

由上述粗略计算可知，平均成本在生产 20 件之后降低得较慢.

例 14　最大利润　某公司获得在一次国际比赛中销售一种新的大热狗的特许权，每销售一个这样的热狗需成本 1 美元，现已知这种热狗在运动会上价格需求曲线近似为

$$P = 5 - \ln x \qquad (0 < x \le 50),$$

其中 x 为销售热狗的数量（以千个为单位），P 以美元为单位. 试求价格为多少时，该公司利润最大.

解　由已知可求得收益函数 $R(x)$ 为

$$R(x) = P \cdot x = (5 - \ln x) \cdot x = 5x - x\ln x,$$

其成本函数为

$$C(x) = 1 \cdot x = x.$$

因此，利润函数为

$$L(x) = R(x) - C(x) = 5x - x\ln x - x = 4x - x\ln x,$$

$$L'(x) = 4 - \left(\ln x + x \cdot \frac{1}{x}\right) = 3 - \ln x.$$

令 $L'(x) = 0$，求得 $L(x)$ 驻点为 $x = e^3 \approx 20$，此时相应的热狗价格应为

$$P(20) = 5 - \ln 20 \approx 2 \, (\text{美元}).$$

由此可知，该公司在运动会上要销售 20 千个，即 2 万个热狗，每个热狗价格为 2 美元时，利润最大.

习题 4.3

1. 确定下列函数的单调区间.

(1) $y = x - \sin x$，$[0, 2\pi]$；

(2) $y = 2x^3 - 6x^2 - 18x - 7$；

(3) $y = 2x^3 + 3x^2 - 12x$；

(4) $y = x - \frac{3}{2}\sqrt[3]{x^2}$.

2. 求下列函数的单调区间、极值.

(1) $y = 2x^3 - 3x^2$；

(2) $y = x - \frac{3}{2}(x-2)^{\frac{2}{3}}$；

(3) $y = (x-1)^2(x-2)^3$；

(4) $y = 3x^{\frac{2}{3}} - x$.

3. 利用极值存在的第二充分条件求下列函数的极值.

(1) $f(x) = x^3 + \frac{3}{2}x^2 - 6x + 1$；

(2) $y = x^3 - 3x^2 - 24x + 32$.

4. 求下列函数在指定区间上的最值.

(1) $y = x^5 - 5x^4 + 5x^3 + 1$, $[-1, 2]$;　　(2) $y = x^5 + 1$, $[-1, 1]$;

(3) $y = \dfrac{1}{3}x^3 - \dfrac{5}{2}x^2 + 4x$, $[-1, 2]$;　　(4) $y = x^3 - 3x^2 - 9x + 8$, $[-2, 5]$.

5. 某房地产公司有 50 套公寓要出租, 当租金定为每月 180 元时, 公寓会全部租出去, 当租金每增加 10 元时, 就有一套公寓租不出去, 而租出去的房子每月需花费 20 元的整修维护费, 试问租金定为多少可获得最大收入?

6. 某工厂每月生产 q(吨)产品的总成本 C(千元)是产量 q 的函数 $C(q) = q^2 - 20q + 30$, 如果每吨产品销售价格为 1 万元, 求达到最大利润时的月产量.

7. 某机床厂每批生产机床 x 台的费用为 $C(x) = 12x + 70$(万元), 得到的收入为 $R(x) = 40x - 2x^2$(万元), 问每批应该生产多少台机床, 才能使机床厂的利润最大?

8. 某车间靠墙壁需要盖一间长方形小屋, 现有存砖只够砌 20 米长的墙壁, 问应该围成长宽各多少米的长方形, 才能使这间屋子的面积最大?

4.4　曲线的凹凸性与拐点

前面我们应用函数的导数讨论了函数的单调性与极值. 函数的单调性反映在图形上, 就是曲线的上升或下降. 但是, 曲线在上升或下降的过程中, 还有弯曲方向的问题. 如图 4-4-1 所示的曲线弧, 虽然图形都是上升的, 但是有着显著的不同, 弧 ACB 是凸的曲线弧, 弧 ADB 是凹的曲线弧, 即它们的凹凸性不同. 为了准确地描绘函数的图形, 下面就介绍曲线的凹凸性概念.

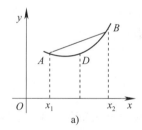 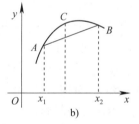

图　4-4-1

4.4.1　曲线的凹凸性

定义 1　若在某区间内连续且光滑的曲线段总位于其上任意一点处切线的上方, 则称该曲线段在该区间内是**凹的**, 如图 4-4-2a 所示; 若曲线段总位于其上任意一点处切线的下方, 则称该曲线段在该区间内是**凸的**, 如图 4-4-2b 所示.

对于曲线的凹凸形状, 还可以通过二阶导数来描述. 因为函数的二阶导数可描述函数一阶导数的单调性. 从图 4-4-2 中可以看出, 如果曲线是凹的, 切线的斜率随 x 的增大而增大, 由导数的几何意义知 $f'(x)$ 随 x 的增大而增大, 即函数的一阶导数是单调增加的, 所以 $f''(x) > 0$; 同样, 如果曲线是凸的, 切线的斜率随 x 的增大而减小, 就是 $f'(x)$ 随 x 的增大而减小, 即函数的一阶导数是单调减少的, 所以 $f''(x) < 0$. 反之结论是否成立呢? 下面给出的曲线凹凸性的判定定理解决了这个问题.

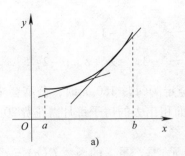 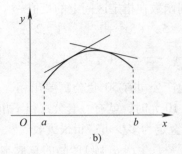

图 4-4-2

定理 1 设函数 $f(x)$ 在 $[a, b]$ 上连续，在 (a, b) 内具有一阶导数和二阶导数，则

(1) 若在 (a, b) 内，恒有 $f''(x) > 0$，则曲线 $f(x)$ 在区间 $[a, b]$ 上是凹的.

(2) 若在 (a, b) 内，恒有 $f''(x) < 0$，则曲线 $f(x)$ 在区间 $[a, b]$ 上是凸的.

例 1 讨论曲线 $y = e^x$ 的凹凸性.

解 函数的定义域为 $(-\infty, +\infty)$，$y' = y'' = e^x > 0$，所以曲线在定义域 $(-\infty, +\infty)$ 内是凹的，如图 4-4-3 所示.

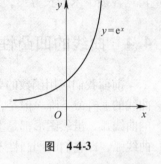

图 4-4-3

例 2 判定曲线 $y = \dfrac{1}{x}$ 的凹凸性.

解 函数 $y = \dfrac{1}{x}$ 的定义域为 $(-\infty, 0) \cup (0, +\infty)$，且 $y' = -\dfrac{1}{x^2}$，$y'' = \dfrac{2}{x^3}$.

因为当 $x < 0$ 时，$y'' < 0$；当 $x > 0$ 时，$y'' > 0$.

所以曲线在 $(-\infty, 0)$ 内是凸的，在 $(0, +\infty)$ 内是凹的.

例 3 讨论曲线 $y = x^3$ 的凹凸性.

解 函数的定义域为 $(-\infty, +\infty)$，$y' = 3x^2$，$y'' = 6x$.

当 $x > 0$ 时，$y'' > 0$；当 $x < 0$ 时，$y'' < 0$.

所以曲线 $y = x^3$ 在 $(0, +\infty)$ 内是凹的，在 $(-\infty, 0)$ 内是凸的，如图 4-4-4 所示.

4.4.2 曲线的拐点

在例 3 中，我们注意到点 $(0, 0)$ 是使曲线由凸变凹的分界点，此类分界点称为曲线的拐点. 一般地，我们有

定义 2 连续曲线上凹、凸部分的分界点称为曲线的**拐点**.

如何来求曲线的拐点呢？

由于拐点是连续曲线的凹凸部分的分界点，所以拐点左右两侧近旁的 $f''(x)$ 必然异号，因此，要寻找拐点，只要找出使 $f''(x)$ 符号发生变化的分界点即可.

定理 2 （拐点的必要条件）若函数 $y = f(x)$ 在点 x_0 处的二阶导数 $f''(x_0)$ 存在，且点 $(x_0, f(x_0))$ 为曲线 $y = f(x)$ 的拐点，则 $f''(x_0) = 0$.

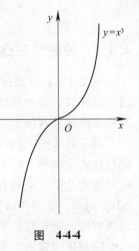

图 4-4-4

函数二阶导数不存在的点，在曲线上相应的点也可能是拐点. 如函数 $y = \sqrt[3]{x}$ 的二阶导数

在 $x = 0$ 处不存在，但点 $(0，0)$ 却是曲线的拐点.

综上所述，判定曲线的凹凸性与求曲线的拐点的一般步骤为：

(1)求出函数定义域；

(2)求出 $f''(x) = 0$ 的点或 $f''(x)$ 不存在的点；

(3)判断在这些点两侧 $f''(x)$ 的符号，确定曲线的凹凸区间和拐点.

例 4 讨论曲线 $y = \dfrac{3}{5}(x-2)^{\frac{5}{3}}$ 的凹凸性和拐点.

解 (1)函数的定义域为 $(-\infty，+\infty)$.

(2)因为 $y' = (x-2)^{\frac{2}{3}}$，$y'' = \dfrac{2}{3}(x-2)^{-\frac{1}{3}} = \dfrac{2}{3\sqrt[3]{x-2}}$，

在定义域内使 $f''(x)$ 不存在的点为 $x = 2$，没有使 $f''(x) = 0$ 的点.

(3)列表 4-4-1 来判断曲线的凹凸性及拐点的情况.

表 4-4-1

x	$(-\infty，2)$	**2**	$(2，+\infty)$
$f''(x)$	$-$	不存在	$+$
$f(x)$	$\cap$	有拐点	$\cup$

(4)由表 4-4-1 可知，曲线 $y = \dfrac{3}{5}(x-2)^{\frac{5}{3}}$ 在区间 $(-\infty，2)$ 内为凸的，在区间 $(2，+\infty)$

内为凹的. 因为 $y\big|_{x=2} = \dfrac{3}{5}(x-2)^{\frac{5}{3}}\big|_{x=2} = 0$，所以拐点是 $(2，0)$.

注：表中 $\cup$ 表示曲线是凹的，$\cap$ 表示曲线是凸的.

例 5 讨论曲线 $y = 6x - x^4$ 的拐点.

解 (1)函数的定义域为 $(-\infty，+\infty)$.

(2) $y' = 6 - 4x^3$，$y'' = -12x^2$，令 $y'' = 0$，得 $x = 0$.

(3)列表 4-4-2 来判断曲线的凹凸性及拐点的情况.

表 4-4-2

x	$(-\infty，0)$	**0**	$(0，+\infty)$
$f''(x)$	$-$	0	$-$
$f(x)$	$\cap$	无拐点	$\cap$

(4)由表 4-4-2 可知，曲线 $y = 6x - x^4$ 在 $x = 0$ 两侧凹凸性没有改变，所以此曲线并没有拐点.

注：由 $f''(x_0) = 0$ 确定的点 $(x_0，f(x_0))$ 不一定是拐点，如例 5 中 $(0，0)$ 点就不是拐点.

例 6 求函数 $y = 3x^4 - 4x^3 + 1$ 的凹凸区间和拐点.

解 (1)函数的定义域为 $(-\infty，+\infty)$.

(2) $y' = 12x^3 - 12x^2$，$y'' = 36x^2 - 24x = 36x\left(x - \dfrac{2}{3}\right)$，令 $y'' = 0$，得 $x_1 = 0$，$x_2 = \dfrac{2}{3}$.

(3)列表 4-4-3 来判断曲线的凹凸性及拐点的情况.

表 4-4-3

x	$(-\infty, 0)$	0	$\left(0, \dfrac{2}{3}\right)$	$\dfrac{2}{3}$	$\left(\dfrac{2}{3}, +\infty\right)$
y''	+	0	-	0	+
y	∪	有拐点	∩	有拐点	∪

（4）由表 4-4-3 可知，曲线 $y = 3x^4 - 4x^3 + 1$ 在区间 $(-\infty, 0)$ 和 $\left(\dfrac{2}{3}, +\infty\right)$ 内为凹的，在区间 $\left(0, \dfrac{2}{3}\right)$ 内为凸的，当 $x_1 = 0$，$x_2 = \dfrac{2}{3}$ 时，曲线有拐点 $A(0, 1)$ 和 $B\left(\dfrac{2}{3}, \dfrac{11}{27}\right)$.

例 7 试确定 a，b，c 的值，使三次曲线 $y = ax^3 + bx^2 + cx$ 有拐点 $(1, 2)$，并且在该点处切线的斜率为 1.

解 因为 $y' = 3ax^2 + 2bx + c$，$y'' = 6ax + 2b$，依题意得方程组

$$\begin{cases} a + b + c = 2, \\ 3a + 2b + c = 1, \\ 6a + 2b = 0, \end{cases}$$

解之得，$a = 1$，$b = -3$，$c = 4$.

习题 4.4

1. 求下列曲线的凹凸区间与拐点.

（1）$y = \ln x$；　　　　　　（2）$y = 2x^3 + 3x^2 - 12x + 14$；　　　　　（3）$y = 3x^2 - x^3$；

（4）$y = x^4 - 6x^2$；　　　　（5）$y = (x - 1)\sqrt[3]{x^2}$；　　　　　　　　　（6）$y = x^4 - 2x^3 + 1$.

2. 已知曲线 $y = ax^3 + bx^2 + x + 2$ 有一个拐点 $(-1, 3)$，求 a，b 的值.

3. 设三次曲线 $y = x^3 + 3ax^2 + 3bx + c$ 在点 $x = -1$ 处有极大值，点 $(0, 3)$ 是拐点，试确定 a，b，c 的值.

4.5　函数图形的描绘

对于一个函数，若作出其图形，就能从直观上了解该函数的性态特征，并可从其图形上看出因变量与自变量之间的相互依赖关系，本节我们将利用导数描绘函数的图形.

为了准确地描绘函数的图形，除了知道函数的单调性、凹凸性、极值和拐点等性态外，还要考虑曲线无限远离原点时的变化状况，即曲线的渐近线问题.

4.5.1　曲线的渐近线

定义 1 若曲线 $y = f(x)$ 上的动点 $M(x, y)$ 沿着曲线无限远离坐标原点时，它与某直线 l 的距离趋向于零，则称直线 l 为该曲线的**渐近线**.

例如，$y = \pm \dfrac{b}{a}x$ 是双曲线 $\dfrac{x^2}{a^2} - \dfrac{y^2}{b^2} = 1$ 的两条渐近线.

定义中的渐近线 l 可以是各种位置的直线，下面仅介绍两种特殊情况.

1. 垂直渐近线

定义 2 若 $\lim\limits_{x \to x_0} f(x) = \infty$，或 $\lim\limits_{x \to x_0^-} f(x) = \infty$，或 $\lim\limits_{x \to x_0^+} f(x) = \infty$，则称直线 $x = x_0$ 为曲线 $y = f(x)$ 的**垂直渐近线**.

例如，对于曲线 $y = \ln x$，由于 $\lim\limits_{x \to 0^+} \ln x = -\infty$，所以直线 $x = 0$（y 轴）为曲线 $y = \ln x$ 的垂直渐近线.

2. 水平渐近线

定义 3 若 $\lim\limits_{x \to \infty} f(x) = b$，或 $\lim\limits_{x \to -\infty} f(x) = b$，或 $\lim\limits_{x \to +\infty} f(x) = b$，则称直线 $y = b$ 为曲线 $y = f(x)$ 的**水平渐近线**.

例如，对于曲线 $y = \dfrac{1}{x-1}$ 来说，因为 $\lim\limits_{x \to \infty} \dfrac{1}{x-1} = 0$，所以直线 $y = 0$ 是曲线 $y = \dfrac{1}{x-1}$ 的水平渐近线. 又如曲线 $y = \arctan x$，因为 $\lim\limits_{x \to -\infty} \arctan x = -\dfrac{\pi}{2}$，$\lim\limits_{x \to +\infty} \arctan x = \dfrac{\pi}{2}$，所以 $y = -\dfrac{\pi}{2}$ 与 $y = \dfrac{\pi}{2}$ 都是该曲线的水平渐近线.

例 1 求下列曲线的水平渐近线或垂直渐近线.

$(1) y = \dfrac{1}{x^2} + 1$；　　　　$(2) y = \dfrac{x}{(x+1)(x-1)}$.

解 (1) 因为 $\lim\limits_{x \to \infty} \left(\dfrac{1}{x^2} + 1 \right) = 1$，所以曲线的水平渐近线为 $y = 1$.

又因为 $\lim\limits_{x \to 0} \left(\dfrac{1}{x^2} + 1 \right) = \infty$，所以曲线的垂直渐近线为 $x = 0$. 如图 4-5-1 所示.

(2) 因为 $\lim\limits_{x \to -1} \dfrac{x}{(x+1)(x-1)} = \infty$，$\lim\limits_{x \to 1} \dfrac{x}{(x+1)(x-1)} = \infty$，

所以直线 $x = 1$ 和 $x = -1$ 是曲线 $y = \dfrac{x}{(x+1)(x-1)}$ 的两条垂直渐近线.

又 $\lim\limits_{x \to \infty} \dfrac{x}{(x+1)(x-1)} = 0$，所以直线 $y = 0$ 是该曲线的水平渐近线，如图 4-5-2 所示.

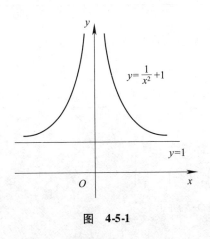

图 **4-5-1**

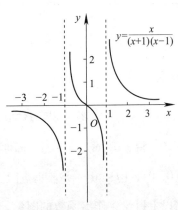

图 **4-5-2**

4.5.2 函数图形的描绘

在中学学过的描点作图法,对于简单的平面曲线(如直线、抛物线)比较适用,但对于一般的平面曲线就不适用了. 为了更准确、更全面地描绘平面曲线,我们必须确定出反映曲线特征的点与线. 因此描绘函数的图像,其一般步骤归纳如下:

(1)确定函数的定义域、奇偶性及周期性;

(2)求出函数的一、二阶导数,再求出使其为零的全部实根,并找出一、二阶导数不存在的点;

(3)根据上面结果,确定函数的单调性、凹凸性、极值及拐点;

(4)判定曲线是否有水平渐近线和垂直渐近线;

(5)求作一些辅助点;

(6)描绘函数图像.

例2 作函数 $y = \frac{1}{3}x^3 - x$ 的图像.

解 (1)函数的定义域为 $(-\infty, +\infty)$. 由于

$$f(-x) = \frac{1}{3}(-x)^3 - (-x) = -\left(\frac{1}{3}x^3 - x\right) = -f(x),$$

所以该函数是奇函数,它的图像关于原点对称.

(2) $y' = x^2 - 1$,由 $y' = 0$,得 $x = -1$ 和 $x = 1$;

$y'' = 2x$,由 $y'' = 0$,得 $x = 0$.

(3)列表 4-5-1 讨论如下(表中"⤴"表示曲线上升而且是凸的,"⤵"表示曲线下降而且是凸的,"⤸"表示曲线下降而且是凹的,"⤴"表示曲线上升而且凹的).

表 4-5-1

x	$(-\infty, -1)$	-1	$(-1, 0)$	0	$(0, 1)$	1	$(1, +\infty)$
y'	$+$	0	$-$	$-$	$-$	0	$+$
y''	$-$	$-$	$-$	0	$+$	$+$	$+$
y	⤴	极小值$\frac{2}{3}$	⤵	拐点$(0, 0)$	⤸	极小值$-\frac{2}{3}$	⤴

由表 4-5-1 可知,函数有极大值 $f(-1) = \frac{2}{3}$,极小值 $f(1) = -\frac{2}{3}$,曲线有拐点 $(0, 0)$.

(4)曲线 $y = \frac{1}{3}x^3 - x$ 无水平和垂直渐近线.

(5)令 $y = 0$,得 $x = 0$ 或 $x = \pm\sqrt{3}$,即曲线与坐标轴交于点 $(-\sqrt{3}, 0)$,$(0, 0)$,$(\sqrt{3}, 0)$. 取辅助点 $\left(1, -\frac{2}{3}\right)$,$\left(-1, \frac{2}{3}\right)$.

(6)根据以上讨论,作出函数的图像,如图 4-5-3 所示.

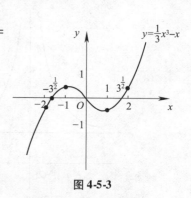

图 4-5-3

例3 作出函数 $y = \dfrac{x}{(x+1)(x-1)}$ 的图像.

解 (1)函数的定义域为 $(-\infty, -1) \cup (-1, 1) \cup (1, +\infty)$. 由于

$$f(x) = \frac{x}{(x+1)(x-1)} = \frac{x}{x^2-1}, \quad f(-x) = \frac{-x}{(-x)^2-1} = -\frac{x}{x^2-1} = -f(x),$$

所以 $f(x)$ 是奇函数，它的图像关于原点对称.

(2) $y' = \dfrac{x^2-1-x(2x)}{(x^2-1)^2} = -\dfrac{1+x^2}{(x^2-1)^2}$,

因为 $y' < 0$，所以函数在定义域内是单调减少的.

$$y'' = -\frac{2x(x^2-1)^2-(1+x^2)\cdot 2(x^2-1)\cdot 2x}{(x^2-1)^4} = -\frac{2x(x^2-1)-4x(1+x^2)}{(x^2-1)^3} = \frac{2x(x^2+3)}{(x^2-1)^3},$$

由 $y'' = 0$，得 $x = 0$.

(3)列表 4-5-2 讨论如下.

表 4-5-2

x	$(-\infty, -1)$	$(-1, 0)$	0	$(0, 1)$	$(1, +\infty)$
y'	$-$	$-$	$-$	$-$	$-$
y''	$-$	$+$	0	$-$	$+$
y	↘	↘	拐点$(0, 0)$	↘	↘

由表 4-5-2 可知，函数没有极值，曲线有拐点 $(0, 0)$.

(4)由例 1(2)知道，曲线有两条垂直渐近线 $x = 1$ 和 $x = -1$，以及一条水平渐近线 $y = 0$.

(5)取辅助点：$M_1\left(3, \dfrac{3}{8}\right)$, $M_2\left(2, \dfrac{2}{3}\right)$, $M_3\left(\dfrac{3}{2}, \dfrac{6}{5}\right)$, $M_4\left(-\dfrac{1}{2}, \dfrac{2}{3}\right)$.

(6)根据上述讨论，并利用曲线关于原点对称的特点，作出函数的图像，如图 4-5-2 所示.

例4 作函数 $y = \dfrac{1}{\sqrt{2\pi}} e^{-\frac{x^2}{2}}$ 的图像.

解 (1)函数的定义域为 $(-\infty, +\infty)$. 由于

$$f(-x) = \frac{1}{\sqrt{2\pi}} e^{-\frac{(-x)^2}{2}} = \frac{1}{\sqrt{2\pi}} e^{-\frac{x^2}{2}} = f(x),$$

所以 $f(x)$ 是偶函数，它的图像关于 y 轴对称.

(2) $y' = -\dfrac{1}{\sqrt{2\pi}} x e^{-\frac{x^2}{2}}$, $y'' = -\dfrac{1}{\sqrt{2\pi}}(1-x^2) e^{-\frac{x^2}{2}}$,

由 $y' = 0$，得 $x = 0$；由 $y'' = 0$，得 $x = \pm 1$.

(3)列表 4-5-3 讨论如下.

表 4-5-3

x	$(-\infty, -1)$	-1	$(-1, 0)$	0	$(0, 1)$	1	$(1, +\infty)$
y'	+	+	+	0	−	−	−
y''	+	0	−	−	−	0	+
y	↗	拐点 $\left(-1, \dfrac{1}{\sqrt{2\pi}}e^{-\frac{1}{2}}\right)$	↗	极大值 $\dfrac{1}{\sqrt{2\pi}}$	↘	拐点 $\left(1, \dfrac{1}{\sqrt{2\pi}}e^{-\frac{1}{2}}\right)$	↘

由表 4-5-3 可知, 函数的极大值为 $f(0) = \dfrac{1}{\sqrt{2\pi}} \approx 0.4$, 曲线的拐点为 $\left(-1, \dfrac{1}{\sqrt{2\pi}}e^{-\frac{1}{2}}\right)$ 和

$\left(1, \dfrac{1}{\sqrt{2\pi}}e^{-\frac{1}{2}}\right)$. 因为 $\dfrac{1}{\sqrt{2\pi}}e^{-\frac{1}{2}} \approx 0.2$, 所以拐点为 $(-1, 0.2)$ 和 $(1, 0.2)$.

(4) 因为 $\lim\limits_{x \to \infty} \dfrac{1}{\sqrt{2\pi}}e^{-\frac{x^2}{2}} = \dfrac{1}{\sqrt{2\pi}} \lim\limits_{x \to \infty} \dfrac{1}{e^{\frac{x^2}{2}}} = 0$,

所以直线 $y = 0$ 是曲线的水平渐近线.

(5) 取辅助点: $\left(2, \dfrac{1}{\sqrt{2\pi e^2}}\right)$, $\left(-2, \dfrac{1}{\sqrt{2\pi e^2}}\right)$, 即

$(2, 0.05)$, $(-2, 0.05)$.

(6) 根据以上讨论, 作出函数的图像, 如图 4-5-4 所

示. 这条曲线称为**标准正态分布曲线**.

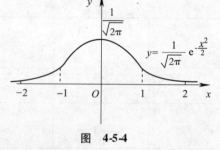

图 4-5-4

由前面的例题可以看出, 描绘函数图形综合运用了函数的单调性、极值, 曲线的凹凸性、拐点和曲线的渐近线.

习题 4.5

1. 求下列曲线的渐近线.

(1) $y = \dfrac{1}{(x-1)(x-2)}$;　　　　(2) $y = \dfrac{1}{(x-2)^3}$.

2. 画出下列函数的图像.

(1) $y = x^3 - 3x^2 + 8$;　　　　(2) $y = \dfrac{3x}{x+2}$.

3. 已知成本函数 $C(x) = 1600 + 0.25x^2$, 其中 x 是产品数量, 试利用画图来分析平均成本函数, 阐述有关信息, 画出图形, 并求出最小平均成本.

4.6　导数在经济学中的应用

4.6.1　边际与边际分析

在经济学中, 边际经常用来描述一个经济变量 y 对于另一个经济变量的变化. 利用导数

研究经济变量的边际变化的方法,称作边际分析法.

1. 边际成本(MC)

边际成本的经济含义为:当产量为 q 时,再生产一个单位产品所增加的总成本.

设某产品产量为 q 时所需的总成本为 $C = C(q)$. 由于

$$C(q+1) - C(q) = \Delta C(q) \approx dC(q) = C'(q)\Delta q = C'(q).$$

即边际成本就是总成本函数关于产量 q 的导数,记为 $MC = C'(q)$.

2. 边际收入(MR)

设某产品的销售量为 q 时的收入函数为 $R = R(q)$,则 $MR = R'(q)$. 即边际收入为收入函数 $R(q)$ 的导数. 边际收入的经济含义是:多销售一个单位产品所增加的销售收入.

3. 边际利润(ML)

设销售某产品 q 单位时的利润函数为 $L = L(q)$,当 $L(q)$ 可导时,称 $L'(q)$ 为销售量为 q 时的边际利润,记为 $ML = L'(q)$. 其经济含义为:多销售一个单位产品所增加(或减少)的利润.

由于利润函数为收入函数与总成本函数之差,即

$$L(q) = R(q) - C(q),$$

由导数的运算法则可知

$$L'(q) = R'(q) - C'(q),$$

即边际利润为边际收入与边际成本之差.

例1 一企业某产品的日生产能力为500台,每日产品的总成本 C(单位:元)是日产量 q(单位:台)的函数,即

$$C(q) = 400 + 2q + 5\sqrt{q}, \quad q \in [0, 500].$$

求:(1)当产量为400台时的总成本;

(2)当产量为400台时的平均成本;

(3)当产量从400台增加到484台时总成本的平均变化率;

(4)当产量为400台时的边际成本.

解 (1)当产量为400台时,总成本为

$$C(400) = 400 + 2 \times 400 + 5\sqrt{400} = 1300(元);$$

(2)当产量为400台时,平均成本为

$$\frac{C(400)}{400} = \frac{1300}{400} = 3.25(元/台);$$

(3)当产量从400台增加到484台时总成本的平均变化率为

$$\frac{\Delta C}{\Delta q} = \frac{C(484) - C(400)}{484 - 400} = \frac{1478 - 1300}{84} \approx 2.119(元/台);$$

(4)当产量为400台时的边际成本为

$$C'(q) = (400 + 2q + 5\sqrt{q})' = 2 + \frac{5}{2\sqrt{q}},$$

$$C'(400) = 2 + \frac{5}{2\sqrt{400}} = 2.125(元/台).$$

例2 某产品的销售量 q 与单位价格 P 之间的关系为 $q = 1200 - 3P$.

（1）写出收入函数 R 与 q 之间的关系；

（2）计算销售量达到 300 时的收入；

（3）销售量由 300 增加至 360 时，收入增加了多少？

（4）在这个过程中平均多销售一单位时，收入增加多少？

（5）求销售量为 300 时的边际收入.

解 （1）收入函数 R 与 q 之间的关系为：$R(q) = Pq = \frac{1}{3}(1200 - q)q = 400q - \frac{1}{3}q^2$；

（2）销售量达到 300 时，收入为 $R(300) = 400 \times 300 - \frac{1}{3} \times 300^2 = 90000$；

（3）销售量由 300 增加至 360 时，收入增加了 $R(360) - R(300) = 100800 - 90000 = 10800$；

（4）在这个过程中平均多销售一单位时，收入将增加

$$\frac{R(360) - R(300)}{360 - 300} = \frac{10800}{60} = 180;$$

（5）因为 $R'(q) = \left(400q - \frac{1}{3}q^2\right)' = 400 - \frac{2}{3}q$，

所以，销售量为 300 时，边际收入为：$R'(300) = 200$.

例3 已知成本函数为 $C(q) = aq^3 - bq^2 + cq$，求使平均成本最小的产量，其中 a，b，$c > 0$.

解 平均成本为 $\overline{C}(q) = aq^2 - bq + c$，$\overline{C}'(q) = 2aq - b$.

令 $\overline{C}'(q) = 2aq - b = 0$，得驻点 $q = \frac{b}{2a}$.

由于 $q = \frac{b}{2a}$ 是平均成本函数的唯一驻点，且最小值确实存在，故 $q = \frac{b}{2a}$ 是使平均成本最小的产量.

例4 某厂每月生产 q（百件）产品的总成本为 $C(q) = q^2 + 2q + 100$（千元）. 若每百件的销售价格为 4 万元，试写出利润函数 $L(q)$，并求当边际利润为 0 时的月产量.

解 已知 q（百件），$C(q) = q^2 + 2q + 100$（千元），$p = 40$（千元/百件），可得

利润函数为 $L(q) = 40q - (q^2 + 2q + 100)$，

则边际利润为 $L'(q) = 40 - (2q + 2) = 38 - 2q$.

令 $L'(q) = 0$，即 $L'(q) = 38 - 2q = 0$，得 $q = 19$.

4.6.2 弹性与弹性分析

1. 弹性的概念

在经济学中我们把导函数又称为边际函数. 它们所反映的是函数的绝对变化率，即函数的绝对改变量与自变量的绝对改变量之比当后者趋于 0 时的极限. 在经济与商务活动中，仅注意绝对改变量与绝对变化率是不够的. 例如，某股市中介向人们推荐两种股票，简称 A 股和 B 股. A 股在今后三个月内每股可能上涨 1 元，B 股在今后三个月内每股可能上涨 2 元. 要确定买哪种股票，仅知道每股涨价的绝对值显然是不够的，还要看一下每股涨价的相对增加率. 设 A 股每股为 10 元，B 股每股为 40 元，则 A 股在今后三个月内股价将提高 10%，而 B 股的股价仅提高 5%. 显然，如果该中介所推荐情况属实，我们应该选购 A 股而不是 B 股. 由

此可见，十分有必要研究函数的相对变化率.

定义　设函数 $y = f(x)$ 在点 x_0 处可导，函数的相对改变量 $\dfrac{\Delta y}{y_0} = \dfrac{f(x_0 + \Delta x) - f(x_0)}{f(x_0)}$ 与自变量的相对改变量 $\dfrac{\Delta x}{x_0}$ 之比，当 $\Delta x \to 0$ 时 $\lim\limits_{\Delta x \to 0} \dfrac{\Delta y / y_0}{\Delta x / x_0}$ 存在，则称此极限为 $f(x)$ 在点 x_0 处的**相对变化率**，也就是**相对导数**，或称为 $x = x_0$ **处的弹性**，记作 $\dfrac{Ey}{Ex}\Big|_{x = x_0}$ 或 $\dfrac{E}{Ex} f(x_0)$.

它表示在点 x_0 处，当 x_0 产生 1% 变化时，$f(x)$ 的变化为 $\dfrac{E}{Ex} f(x) \%$.

由于

$$\frac{Ey}{Ex}\Big|_{x = x_0} = \lim_{\Delta x \to 0} \frac{\Delta y / y_0}{\Delta x / x_0} = \lim_{\Delta x \to 0} \frac{x_0}{y_0} \cdot \frac{\Delta y}{\Delta x}$$

$$= \frac{x_0}{y_0} \lim_{\Delta x \to 0} \frac{\Delta y}{\Delta x} = \frac{x_0}{y_0} f'(x_0),$$

所以，$f(x)$ 在点 x 处的弹性可由下式计算：

$$\frac{Ey}{Ex}\Big|_{x = x_0} = \frac{x_0}{y_0} \cdot f'(x_0).$$

若 $f(x)$ 在任意点 x 处可导（实际问题中，一般都满足这个条件），则称

$$\frac{Ey}{Ex} = \frac{x}{y} \cdot f'(x)$$

为 $f(x)$ 在点 x 处的**弹性函数**.

关于弹性，应注意的是分子和分母必须以百分比表示. 因为只有用百分比计算才有可比性. 例如衡量肉和蔬菜这两种物品价格变动情况，就不能直接用价格的绝对数来表示，而要用百分比来比较.

例 5　求函数 $f(x) = 100 e^{3x}$ 的弹性函数，并求 $x = 2$ 处的弹性.

解　$f'(x) = 300 e^{3x}$，

$$\frac{Ey}{Ex} = \frac{x}{y} \cdot f'(x) = \frac{x}{y} \cdot 300 e^{3x} = \frac{x}{100 e^{3x}} \cdot 300 e^{3x} = 3x.$$

因此，当 $x = 2$ 时 $f(x)$ 的弹性为

$$\frac{Ey}{Ex}\Big|_{x = 2} = 3 \times 2 = 6,$$

其含义是自变量 x 在 $x = 2$ 处变化 1%，引起变量 y 的变化为 6%.

例 6　求 $f(x) = x^{\alpha}$（α 为常数）的弹性函数.

解　$f'(x) = \alpha \cdot x^{\alpha - 1}$，

$$\frac{Ey}{Ex} f(x) = \frac{x}{x^{\alpha}} \cdot \alpha \cdot x^{\alpha - 1} = \alpha.$$

即幂函数在 x 处的弹性为常数.

2. 需求弹性与供给弹性

需求函数已在前面介绍过，可表示为 $Q = D(P)$，其中 P 为价格，Q 为需求量. 需求量在某价格 P_0 的弹性大小为

$$\frac{EQ}{EP}\bigg|_{P=P_0} = \frac{P_0}{D(P_0)} \cdot D'(P_0).$$

需求弹性可以衡量需求的相对变动对价格相对变动的反应程度. 由于需求函数一般是递减的, 所以在某处的需求弹性是负的.

例7 设某商品的需求函数为 $Q = 100 - 2P$, 求 $P = 30$ 时的弹性.

解 $Q' = -2$,

$$\frac{EQ}{EP} = Q' \cdot \frac{P}{Q} = -2 \times \frac{P}{100 - 2P} = \frac{2P}{2P - 100},$$

$$\frac{EQ}{EP}\bigg|_{P=30} = \frac{2 \times 30}{2 \times 30 - 100} = -1.5.$$

说明当 $P = 30$ 时, 价格变化 1%, 引起的需求量变化为 1.5%. 即需求量变化程度大于价格的变化程度, 此弹性较大, 或需求量对价格变化反应较大. 所求弹性带有负号, 是指需求量与价格反向变化. 此时, 可以说在 $P = 30$ 处, 价格上涨(下跌)1%, 引起需求量下降(上升)1.5%.

在经济学中, 对需求价格弹性分析是对其绝对值进行讨论的, 并根据绝对值大小, 将需求价格弹性划分为弹性不足、单位弹性、弹性充足三种情况.

令 $\eta = \left| \dfrac{EQ}{EP} \right|$,

(1)若 $\eta < 1$, 即需求量变动的幅度小于价格变动的幅度, 此时称为**弹性不足**;

(2)若 $\eta = 1$, 即需求量与价格以同一比例变动, 即价格涨跌 1%, 引起需求量减增 1%, 此时, 称为**单位弹性**;

(3)若 $\eta > 1$, 即需求量变动的幅度大于价格变动的幅度, 此时称为**弹性充足**.

例8 设某商品需求函数为 $Q = e^{-\frac{P}{5}}$, 求: (1)需求弹性函数; (2)当 $P = 3$, $P = 5$, $P = 6$ 时的需求弹性.

解 (1) $Q' = -\dfrac{1}{5} e^{-\frac{P}{5}}$,

$$\frac{EQ}{EP} = \frac{P}{Q} \cdot Q' = \frac{P}{e^{-\frac{P}{5}}} \cdot \left(-\frac{1}{5} e^{-\frac{P}{5}} \right) = -\frac{P}{5}.$$

(2) $\dfrac{EQ}{EP}\bigg|_{P=3} = -\dfrac{3}{5} = -0.6$, 即 $\eta(3) = 0.6$, 弹性不足. 说明此时价格上涨 1%, 需求量只减少 0.6%.

$$\frac{EQ}{EP}\bigg|_{P=5} = -\frac{5}{5} = -1,$$ 即 $\eta(5) = 1$, 单位弹性. 说明 $P = 5$ 时, 价格与需求量变动的幅度相同, 价格上涨 1%, 需求量减少 1%.

$$\frac{EQ}{EP}\bigg|_{P=6} = -\frac{6}{5} = -1.2,$$ 即 $\eta(6) = 1.2$, 弹性充足. 说明此时价格上涨 1%, 需求量下降 1.2%.

类似于需求弹性, 我们对供给弹性阐述如下. 设供给函数为 $Q = S(P)$, 其中 P 为价格, Q 为供给量, 那么供给量在某一价格 P_0 上的弹性大小为

$$\left.\frac{EQ}{EP}\right|_{P=P_0} = -\frac{P_0}{S(P_0)} \cdot S'(P_0)$$

供给弹性是衡量供给相对变化对价格相对变化的反应程度. 由于供给函数一般是递增的, 所以在某处的供给弹性是正的, 这与需求弹性不同.

例 9　设某商品的供给函数为 $Q = 2 + 3P$, 求供给弹性函数及 $P = 3$ 时的供给弹性.

解　由已知 $Q = 2 + 3P$, 得 $Q' = 3$,

$$\frac{EQ}{EP} = \frac{P}{2+3P} \cdot 3 = \frac{3P}{2+3P},$$

$$\left.\frac{EQ}{EP}\right|_{P=3} = \frac{3 \times 3}{2 + 3 \times 3} = \frac{9}{11} = 0.82.$$

说明当价格 $P = 3$ 时, 价格上涨(下跌)1%, 引起供给量的增加(减少)0.82%.

3. 边际收益与需求弹性关系

设 R 为收益函数, $Q = D(P)$ 为需求函数, P 为价格, 则

$$R = P \cdot Q = P \cdot D(P)$$

$$R' = D(P) + P \cdot D'(P) = D(P)\left[1 + D'(P)\frac{P}{D(P)}\right].$$

考虑到 $D'(P)$ 为负号, $\eta = \left|\frac{EQ}{EP}\right| = |D'(P)| \cdot \frac{P}{D(P)} = -D'(P) \cdot \frac{P}{D(P)}$, 所以有

$$R' = D(P) \cdot (1 - \eta(P)).$$

由此可知, 当 $\eta(P) < 1$ 时, $R' > 0$, R 递增, 即价格上涨会使总收益增加, 价格下跌会使总收益减少;

当 $\eta(P) = 1$ 时, $R' = 0$, R 取得最大值;

当 $\eta(P) > 1$ 时, $R' = 0$, R 递减, 即价格上涨会使总收益减少, 而价格下跌会使总收益增加.

<h2 style="text-align:center">习题 4.6</h2>

1. 设某商品需求函数为 $Q = D(P) = 12 - \frac{P}{2}$.

(1)求需求弹性函数;

(2)求 $P = 6$ 时需求弹性;

(3)在 $P = 6$ 时, 若价格上涨1%, 总收益增加还是减少?

(4)P 为何值时, 总收益最大? 最大总收益是多少?

2. 已知某商品的成本函数为 $C(Q) = 100 + \frac{Q^2}{4}$, 求出产量 $Q = 10$ 时的总成本、平均成本、边际成本并解释其经济意义.

3. 若某工厂生产的产品的需求函数和总成本函数分别为 $Q = 800 - 20P$, $C(Q) = 500 + 20Q$, 求边际利润函数, 并计算 $Q = 150$ 和 $Q = 400$ 时的边际利润.

复习题 4

1. 验证罗尔定理对下列函数的正确性，并求出相应的点 ξ.

(1) $f(x) = \ln\sin x$, $\left[\dfrac{\pi}{6}, \dfrac{5\pi}{6}\right]$;　　　　(2) $f(x) = \dfrac{1}{1+x^2}$, $[-2, 2]$;

(3) $f(x) = e^{x^2} - 1$, $[-1, 1]$;　　　　(4) $f(x) = x\sqrt{3-x}$, $[0, 3]$.

2. 验证拉格朗日定理对函数

$$f(x) = x^3, \quad [-1, 2]$$

的正确性，并求出相应的点 ξ.

3. 不求函数 $f(x) = (x-7)(x-8)(x-9)(x-10)(x-11)(x-12)$ 的导数，说明方程 $f'(x) = 0$ 有几个实根，并指出它们所在的区间.

4. 试证明对函数 $y = px^2 + qx + r$ 应用拉格朗日中值定理时，所求得的点 ξ 总是位于区间的正中间.

5. 求下列函数的极限.

(1) $\lim\limits_{x \to 0} \dfrac{e^x - e^{-x}}{\sin x}$;　　　　(2) $\lim\limits_{x \to \frac{\pi}{2}^+} \dfrac{\ln\left(x - \dfrac{\pi}{2}\right)}{\tan x}$;

(3) $\lim\limits_{x \to a} \dfrac{x^m - a^m}{x^n - a^n}$;　　　　(4) $\lim\limits_{x \to 0^+} \dfrac{\ln\tan 7x}{\ln\tan 2x}$;

(5) $\lim\limits_{x \to 0} x^2 e^{\frac{1}{x^2}}$;　　　　(6) $\lim\limits_{x \to 0}\left(\dfrac{1}{x} - \dfrac{1}{e^x - 1}\right)$;

(7) $\lim\limits_{x \to \frac{\pi}{2}^+} (\sec x - \tan x)$;　　　　(8) $\lim\limits_{x \to 0}(1 + \sin x)^{\frac{1}{x}}$;

(9) $\lim\limits_{x \to +\infty}\left(\dfrac{x}{x+1}\right)^x$;　　　　(10) $\lim\limits_{x \to +\infty}\left(1 + \dfrac{3}{x} + \dfrac{5}{x^2}\right)^x$.

6. 判定函数 $f(x) = x - \ln(1 + x^2)$ 的单调性.

7. 确定下列函数的单调区间和极值.

(1) $y = 2x^3 - 6x^2 - 18x - 7$;　　　　(2) $y = (x+1)^{\frac{2}{3}}(x-5)^2$;

(3) $y = \sin x - \cos x$　$\left(-\dfrac{\pi}{2} \leqslant x \leqslant \dfrac{\pi}{2}\right)$.

8. 求下列函数的极值.

(1) $y = xe^{-x}$;　　(2) $y = \arctan x - \dfrac{1}{2}\ln(1 + x^2)$;　　(3) $y = x^{\frac{1}{x}}$.

9. 求下列函数的最大值、最小值.

(1) $y = 2x^3 - 3x^2$, $-1 \leqslant x \leqslant 4$;　　　　(2) $y = x + \sqrt{x}$, $0 \leqslant x \leqslant 4$.

10. 欲用围墙围成面积为 216m^2 的一块矩形土地，并在正中用一堵墙将其隔成两块，问这块土地的长和宽选取多大尺寸，才能使所用建筑材料最省？

11. 求下列曲线的凹凸区间及拐点.

(1) $y = \ln(1 + x^2)$;　　　　(2) $y = x^3 - 6x^2 + x - 1$;

（3）$y = xe^{-x}$；　　　　　　　　　　　（4）$y = (x-2)^{\frac{5}{3}}$．

12. TJ 化工厂日生产能力最高为 1000t，每日产品的总成本 C（单位：元）是日产量 x（单位：t）的函数 $C(x) = 1000 + 7x + 50\sqrt{x}$，$x \in [0, 1000]$，试求：

（1）当日产量为 100t 时的边际成本；

（2）当日产量为 100t 时的平均成本.

13. 某商品的价格 P 关于需求量 Q 的函数为 $P = 10 - \dfrac{Q}{5}$，试确定：

（1）总收益函数、平均收益函数、边际收益函数；

（2）当 $Q = 20$ 个单位时的总收益、平均收益、边际收益.

14. 某数字电视机顶盒生产厂家每周生产成本 C（单位：千元）是生产量 Q（单位：百件）的函数，即 $C(Q) = 100 - 12Q + Q^2$，如果每百件机顶盒销售价格为 4 万元，试写出利润函数及边际利润为零时的每周产量.

第 5 章　不　定　积　分

前面我们讨论了一元函数的微分学，它的基本问题是求已知函数的导数或微分. 在实际问题中，还常常遇到与此相反的问题，即已知一个函数的导数或微分，求此函数. 这就是我们本章所要讨论的问题之一，一元函数积分学中的不定积分.

5.1　不定积分的概念与性质

5.1.1　原函数与不定积分的概念

我们先看下面的两个例子：

引例 1　已知真空中的自由落体在任意时刻 t 的运动速度为 $v = v(t) = gt$，其中常量 g 是重力加速度，又知当时间 $t = 0$ 时，路程 $s = 0$，求自由落体的运动规律.

解　所求运动规律就是指物体经过的路程 s 与时间 t 之间的函数关系.

设所求的运动规律为 $s = s(t)$，于是有 $s' = s'(t) = v = gt$，

当 $t = 0$ 时，$s = 0$，根据导数公式有 $s = \dfrac{1}{2}gt^2$.

事实上，$v = s' = \left(\dfrac{1}{2}gt^2\right)' = gt$，并且当 $t = 0$ 时，$s = 0$. 因此，$s = \dfrac{1}{2}gt^2$ 即为所求自由落体的运动规律.

引例 2　设曲线上任意一点 $M(x, y)$ 处，其切线的斜率为 $k = f(x) = 2x$，又若这条曲线经过坐标原点，求这条曲线的方程.

解　设所求的曲线方程为 $y = F(x)$，则曲线上任意一点 $M(x, y)$ 的切线斜率为 $y' = F'(x) = 2x$.

由于曲线经过坐标原点，所以当 $x = 0$ 时，$y = 0$. 由导数公式，不难知道所求曲线方程应为 $y = x^2$.

事实上，$y' = (x^2)' = 2x$，且有 $x = 0$ 时，$y = 0$. 因此，$y = x^2$ 即为所求的曲线方程.

以上两个问题，如果抽掉物理意义和几何意义，可归结为同一个问题，就是已知某函数的导数，求这个函数，即已知 $F'(x) = f(x)$，求 $F(x)$.

定义 1　设 $f(x)$ 是定义在区间 I 上的函数，若存在函数 $F(x)$，对该区间内的任一点，都有 $F'(x) = f(x)$ 或 $\mathrm{d}F(x) = f(x)\mathrm{d}x$，则称 $F(x)$ 为 $f(x)$ 在区间 I 上的**原函数**，简称为 $f(x)$ 的**原函数**.

对于函数 $f(x) = 2x$，因为 $(x^2)' = 2x$，所以 x^2 是 $f(x) = 2x$ 的一个原函数. 又因为 $(x^2 + 1)' = 2x$，$(x^2 - \sqrt{3})' = 2x$，$(x^2 + C)' = 2x$（C 为任意常数），所以 $x^2 + 1$，$x^2 - \sqrt{3}$，$x^2 + C$ 都是 $f(x) = 2x$ 的原函数. 这说明原函数不是唯一的.

一般的，对于已知函数 $f(x)$，若 $F(x)$ 是 $f(x)$ 的一个原函数，则函数族 $F(x) + C$（C 为任

意常数)都是 $f(x)$ 的原函数,这是因为 $[F(x) + C]' = F'(x) = f(x)$. 那么这个函数族 $F(x) + C$ 是否包含了 $f(x)$ 的全部原函数?下面的定理解答了这个问题.

定理 1(原函数族定理)　如果 $F(x)$ 是 $f(x)$ 的一个原函数,那么 $F(x) + C$ 是 $f(x)$ 的全部原函数,其中 C 为任意常数.

由此定理可知,如果一个已知函数有原函数,那么它就有无数多个原函数. 具有什么性质的函数才具有原函数呢?下面的定理给出回答.

定理 2(原函数存在定理)　如果函数 $f(x)$ 在某区间上连续,则函数 $f(x)$ 在该区间上一定存在原函数.

因为初等函数在它的定义区间内连续,所以初等函数的原函数一定存在.

定义 2　如果函数 $F(x)$ 是函数 $f(x)$ 在区间 I 上的一个原函数,则称函数 $f(x)$ 的全部原函数 $F(x) + C(C$ 是任意常数)为 $f(x)$ 在区间 I 上的**不定积分**,记为 $\int f(x)\mathrm{d}x$,即

$$\int f(x)\mathrm{d}x = F(x) + C(C \text{ 为积分常数}),$$

其中,"$\int$"称为**积分号**, $f(x)$ 称为**被积函数**, $f(x)\mathrm{d}x$ 称为**被积表达式**, x 称为**积分变量**, C 称为**积分常数**.

因此,求函数 $f(x)$ 的不定积分,只需求出 $f(x)$ 的一个原函数再加上积分常数 C 即可.

例如, $\int 2x\mathrm{d}x = x^2 + C$, $\int gt\mathrm{d}t = \dfrac{1}{2}gt^2 + C$.

例 1　求下列不定积分.

(1) $\int x^2 \mathrm{d}x$;　　　(2) $\int \dfrac{1}{x}\mathrm{d}x$;　　　(3) $\int 2^x \mathrm{d}x$.

解　(1)因为 $\left(\dfrac{1}{3}x^3\right)' = x^2$,所以 $\int x^2 \mathrm{d}x = \dfrac{1}{3}x^3 + C$.

(2)因为 $x > 0$ 时, $(\ln x)' = \dfrac{1}{x}$;又 $x < 0$ 时, $[\ln(-x)]' = \dfrac{-1}{-x} = \dfrac{1}{x}$,

所以 $\int \dfrac{1}{x}\mathrm{d}x = \ln|x| + C$.

(3)因为 $\left(\dfrac{2^x}{\ln 2}\right)' = 2^x$,所以 $\int 2^x \mathrm{d}x = \dfrac{2^x}{\ln 2} + C$.

注意:求不定积分时,积分常数 C 不能丢掉,否则就会出现概念性的错误.

5.1.2　不定积分的几何意义

若函数 $F(x)$ 是 $f(x)$ 的一个原函数,函数 $y = F(x)$ 在平面上表示一条曲线,这条曲线称为 $f(x)$ 的**积分曲线**. 由于 $f(x)$ 的不定积分是 $\int f(x)\mathrm{d}x = F(x) + C$,所以,不定积分 $\int f(x)\mathrm{d}x$ 的几何意义是:曲线 $y = F(x)$ 沿 y 轴从 $-\infty$ 到 $+\infty$ 连续地平移所产生的一族积分曲线,如图 5-1-1 所示;而族中的每一条曲线在具有相同横坐标的 x 点处切线是平行的,它们的斜率都等于 $f(x)$.

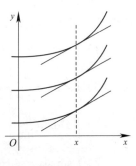

图 5-1-1

当需要从积分曲线族中求出过点 (x_0, y_0) 的一条积分曲线时，只要把 x_0, y_0 代入 $y = F(x) + C$ 中解出 C 即可.

例 2 已知曲线过点 $(0, 1)$ 且其上任一点的切线斜率等于该点处横坐标平方的 3 倍，求此曲线方程.

解 设所求曲线为 $y = f(x)$.

由题意，得
$$y' = 3x^2,$$

即
$$y = \int 3x^2 dx = x^3 + C.$$

又因为曲线过点 $(0, 1)$，于是所求曲线为
$$y = x^3 + 1.$$

例 3 设某物体运动速度为 $v = 3t^2$，且当 $t = 0$ 时 $s = 2$，求运动规律 $s = s(t)$.

解 由题意，得 $s'(t) = 3t^2$，即
$$s(t) = \int 3t^2 dt = t^3 + C,$$

将条件 $t = 0$ 时 $s = 2$ 代入，得 $C = 2$，
故所求运动规律为
$$s = t^3 + 2.$$

5.1.3 不定积分的基本公式

由不定积分的定义可得，不定积分与导数(或微分)具有如下的互逆关系：

$$\frac{d}{dx}\left[\int f(x) dx\right] = f(x) \text{ 或 } d\left[\int f(x) dx\right] = f(x) dx; \qquad (5-1)$$

$$\int F'(x) dx = F(x) + C \text{ 或 } \int dF(x) = F(x) + C. \qquad (5-2)$$

式(5-1)表明对一个函数先积分后微分，结果两种运算互相抵消，仍是那个函数.

式(5-2)表明如果对一个函数先微分后积分，结果只差一个积分常数 C.

例如 $\left[\int 2x dx\right]' = (x^2 + C)' = 2x$, $d\left[\int 2x dx\right] = d(x^2 + C) = 2x dx$;

$$\int (x^2)' dx = \int 2x dx = x^2 + C, \int d(x^2) = \int 2x dx = x^2 + C.$$

因此，有一个导数公式就相应地有一个不定积分公式. 于是，由导数的基本公式可以直接得到不定积分的基本公式.

(1) $\int k dx = kx + C (k \neq 0)$;

(2) $\int \frac{1}{x} dx = \ln|x| + C$;

(3) $\int x^\mu dx = \frac{x^{\mu+1}}{\mu+1} + C (\mu \neq -1)$;

(4) $\int e^x dx = e^x + C$;

(5) $\int a^x dx = \frac{a^x}{\ln a} + C$;

(6) $\int \cos x dx = \sin x + C$;

(7) $\int \sin x dx = -\cos x + C$;

(8) $\int \frac{1}{\cos^2 x} dx = \int \sec^2 x dx = \tan x + C$;

(9) $\int \frac{1}{\sin^2 x} dx = \int \csc^2 x dx = -\cot x + C$;

(10) $\int \sec x \tan x dx = \sec x + C$;

$(11) \int \csc x \cot x \, dx = -\csc x + C;$ $\qquad (12) \int \dfrac{1}{1+x^2} \, dx = \arctan x + C;$

$(13) \int \dfrac{1}{\sqrt{1-x^2}} \, dx = \arcsin x + C.$

以上 13 个公式是求不定积分的基础，必须熟记，不仅要记右端的结果，还要熟悉左端被积函数的形式．

注：不定积分的基本公式(3)中，当 $\mu = 1,\ -2,\ -\dfrac{1}{2}$ 时，公式分别为

$$\int x \, dx = \dfrac{1}{2}x^2 + C, \quad \int \dfrac{1}{x^2} \, dx = -\dfrac{1}{x} + C, \quad \int \dfrac{1}{\sqrt{x}} \, dx = 2\sqrt{x} + C.$$

这三个式子也可以作为公式使用．

5.1.4　不定积分的性质

性质 1　两个函数代数和的积分等于各个函数的积分的代数和，即

$$\int [f(x) \pm g(x)] \, dx = \int f(x) \, dx \pm \int g(x) \, dx,$$

性质 2　被积函数中不为零的常数因子可提到积分号外，即

$$\int kf(x) \, dx = k \int f(x) \, dx \ (k \ \text{为常数，且} \ k \neq 0),$$

特别的，$\qquad\qquad\qquad \int (-f(x)) \, dx = -\int f(x) \, dx.$

综合性质 1、性质 2，可以推广到有限多个函数代数和的情况，即

$$\int [k_1 f_1(x) \pm k_2 f_2(x) \pm \cdots \pm k_n f_n(x)] \, dx = k_1 \int f_1(x) \, dx \pm k_2 \int f_2(x) \, dx \pm \cdots \pm k_n \int f_n(x) \, dx$$

（设 $k_1,\ k_2,\ \cdots,\ k_n$ 均为不为零的常数）．

5.1.5　直接积分法

在求积分问题中，可以直接按积分基本公式和基本运算性质求出结果，或经过适当的恒等变形（包括代数式和三角函数式的恒等变形），再利用积分基本公式和基本运算性质求出结果．这样的积分方法称为**直接积分法**．用直接积分法可以求一些比较简单的函数的不定积分．

例 4　求下列不定积分．

$(1) \int \dfrac{1}{x^3} \, dx;$ $\qquad (2) \int x\sqrt{x} \, dx.$

解　$(1) \int \dfrac{1}{x^3} \, dx = \int x^{-3} \, dx = \dfrac{x^{-3+1}}{-3+1} + C = -\dfrac{1}{2x^2} + C;$

$(2) \int x\sqrt{x} \, dx = \int x^{\frac{3}{2}} \, dx = \dfrac{2}{5} x^{\frac{5}{2}} + C.$

例 5　求不定积分 $\int (3e^x + 2\cos x) \, dx.$

解　$\int (3e^x + 2\cos x) \, dx = 3 \int e^x \, dx + 2 \int \cos x \, dx = 3e^x + 2\sin x + C.$

注：(1)在例 5 中每一项的不定积分都应当有一个积分常数，但是这里并不需要在每一

项后面都加上一个积分常数，因为任意常数之和还是任意常数，所以这里只把它们的和 C 写在末尾即可.

（2）检验积分的结果是否正确，只要把结果求导，看它的导数是否等于被积函数就行了.

如在例 5 中，由于 $(3e^x + 2\sin x + C)' = 3e^x + 2\cos x$，所以结果是正确的.

例 6 求下列不定积分.

（1）$\displaystyle\int \frac{1+x-x^2+x^3}{x}\mathrm{d}x$；（2）$\displaystyle\int (\sqrt{x}+1)\left(x-\frac{1}{\sqrt{x}}\right)\mathrm{d}x$；（3）$\displaystyle\int \frac{x^2}{1+x^2}\mathrm{d}x$.

解 （1）首先把被积函数化为和式，然后再逐项积分得

$$\int \frac{1+x-x^2+x^3}{x}\mathrm{d}x = \int \left(\frac{1}{x}+1-x+x^2\right)\mathrm{d}x$$

$$= \int \frac{1}{x}\mathrm{d}x + \int \mathrm{d}x - \int x\mathrm{d}x + \int x^2\mathrm{d}x = \ln|x| + x - \frac{1}{2}x^2 + \frac{1}{3}x^3 + C;$$

（2）首先把被积函数化为和式，然后再逐项积分得

$$\int (\sqrt{x}+1)\left(x-\frac{1}{\sqrt{x}}\right)\mathrm{d}x = \int \left(x\sqrt{x}+x-1-\frac{1}{\sqrt{x}}\right)\mathrm{d}x$$

$$= \int x\sqrt{x}\mathrm{d}x + \int x\mathrm{d}x - \int \mathrm{d}x - \int \frac{1}{\sqrt{x}}\mathrm{d}x = \frac{2}{5}x^{\frac{5}{2}} + \frac{1}{2}x^2 - x - 2x^{\frac{1}{2}} + C;$$

（3）首先把被积函数变形，然后再积分得

$$\int \frac{x^2}{1+x^2}\mathrm{d}x = \int \frac{1+x^2-1}{1+x^2}\mathrm{d}x = \int \mathrm{d}x - \int \frac{1}{1+x^2}\mathrm{d}x = x - \arctan x + C.$$

例 6 的解题思路是设法化被积函数为和式，然后再逐项积分，这是一种重要的解题方法.

例 7 求下列不定积分.

（1）$\displaystyle\int \sin^2 \frac{x}{2}\mathrm{d}x$；（2）$\displaystyle\int \tan^2 x\mathrm{d}x$.

解 （1）$\displaystyle\int \sin^2 \frac{x}{2}\mathrm{d}x = \int \frac{1-\cos x}{2}\mathrm{d}x = \frac{1}{2}\left(\int \mathrm{d}x - \int \cos x\mathrm{d}x\right) = \frac{1}{2}(x - \sin x) + C;$

（2）$\displaystyle\int \tan^2 x\mathrm{d}x = \int (\sec^2 x - 1)\mathrm{d}x = \int \sec^2 x\mathrm{d}x - \int \mathrm{d}x = \tan x - x + C.$

例 7 的解题思路也是设法化被积函数为和式，然后再逐项积分，不过它实现化和是利用三角函数式的恒等变形.

习题 5.1

1. 填空题.

（1）函数 x^2 的原函数是_____.

（2）函数 $\cos x$ 是函数_____的原函数.

（3）$\mathrm{d}\displaystyle\int \arctan x\mathrm{d}x = $_____.

（4）$\displaystyle\int (x^5)'\mathrm{d}x = $_____.

2. 求出下列各式的结果.

$(1) \int d\left(\dfrac{1}{\arcsin x \cdot \sqrt{1-x^2}}\right)$; $\qquad (2) d\int \dfrac{1}{\sqrt{x}(1+x^2)}dx$;

$(3) \int (x\sin x \cdot \ln x)' dx$; $\qquad (4) \left[\int e^x (\sin x + \cos x) dx\right]'$.

3. 求下列不定积分.

$(1) \int 3^x dx$; $\qquad (2) \int \left(\dfrac{1}{x} + \sin x\right) dx$; $\qquad (3) \int \dfrac{1}{1+x^2} dx$;

$(4) \int (2x^3 - 3e^x + 1) dx$; $\qquad (5) \int \dfrac{1}{\sqrt[3]{x}} dx$; $\qquad (6) \int 3x^2 dx$.

4. 求下列不定积分.

$(1) \int \cot^2 x dx$; $\qquad (2) \int \cos^2 \dfrac{x}{2} dx$; $\qquad (3) \int \dfrac{\cos 2x}{\cos x - \sin x} dx$;

$(4) \int \left(1 - 2\sin x + \dfrac{2}{x}\right) dx$; $\qquad (5) \int \left(\dfrac{1}{\cos^2 x} + \dfrac{2}{\sin^2 x}\right) dx$; $\qquad (6) \int \dfrac{(t+1)^2}{t} dt$;

$(7) \int \left(\dfrac{2}{\sqrt{1-t^2}} - \dfrac{3}{1+t^2}\right) dt$; $\qquad (8) \int (6^x + x^6) dx$; $\qquad (9) \int \dfrac{x^4 - 1}{1 - x^2} dx$;

$(10) \int \csc x (\csc x - \cot x) dx$.

5. 设曲线过点 $(1, -2)$，且在任意一点 (x, y) 处切线的斜率为 $2x$，求曲线方程.

6. 设物体的运动速度为 $v = \cos t$ m/s，当 $t = \dfrac{\pi}{2}$ s 时，物体所经过的路程 $s = 10$ m，求物体的运动规律.

5.2　不定积分的换元积分法

利用不定积分的性质和基本积分公式只能计算很少一部分函数的不定积分，本节我们将介绍换元积分法. 换元积分法的思想是通过对积分变量做合适的变量代换，将所求的积分化为可直接利用基本积分公式的形式的积分方法.

例如，计算 $\int e^{2x} dx$ 的积分. 由基本积分公式可知 $\int e^x dx = e^x + C$，那么是否 $\int e^{2x} dx = e^{2x} + C$ 呢？显然 $(e^{2x} + C)' \neq e^{2x}$，所以 $\int e^{2x} dx = e^{2x} + C$ 是错误的.

我们换用下面的方法：

令 $x = \dfrac{1}{2} t$，则 $dx = \dfrac{1}{2} dt$. 将此代换代入原积分，即

$$\int e^{2x} dx = \int e^t \dfrac{1}{2} dt = \dfrac{1}{2} \int e^t dt = \dfrac{1}{2} e^t + C = \dfrac{1}{2} e^{2x} + C.$$

5.2.1　第一换元积分法(凑微分方法)

定理 1　若 $\int f(u) du = F(u) + C$，其中 $u = \varphi(t)$ 具有连续的导数，则

$$\int f(\varphi(t)) \cdot \varphi'(t) dt = \int f(\varphi(t)) d(\varphi(t)) = \int f(u) du = F(u) + C = F(\varphi(t)) + C.$$

由于积分过程中有凑微分 $\varphi'(t)\mathrm{d}t = \mathrm{d}[\varphi(t)]$ 过程，因此第一换元积分法也称为凑微分方法.

例1 计算 $\int \cos 3x\mathrm{d}x$.

解 设 $t = 3x$，所以 $x = \dfrac{1}{3}t$，$\mathrm{d}x = \dfrac{1}{3}\mathrm{d}t$. 代入得

$$\int \cos 3x\mathrm{d}x = \frac{1}{3}\int \cos 3x\mathrm{d}(3x) = \frac{1}{3}\int \cos t\mathrm{d}t = \frac{1}{3}\sin t + C = \frac{1}{3}\sin 3x + C.$$

例2 计算 $\int \dfrac{1}{5x-1}\mathrm{d}x$.

解 设 $5x - 1 = t$，则 $\mathrm{d}x = \dfrac{1}{5}\mathrm{d}t$. 代入得

$$\int \frac{1}{5x-1}\mathrm{d}x = \int \frac{1}{t}\cdot\frac{1}{5}\mathrm{d}t = \frac{1}{5}\int \frac{1}{t}\mathrm{d}t = \frac{1}{5}\ln|t| + C = \frac{1}{5}\ln|5x-1| + C.$$

注意：在对变量替换比较熟练后，可以不必写出新假设的积分变量，而直接凑微分.

例3 计算 $\int \dfrac{1}{\sqrt{3-2x}}\mathrm{d}x$.

解 直接利用凑微分，有

$$\int \frac{1}{\sqrt{3-2x}}\mathrm{d}x = \int (3-2x)^{-\frac{1}{2}}\mathrm{d}x = -\frac{1}{2}\int (3-2x)^{-\frac{1}{2}}\mathrm{d}(3-2x) = -\sqrt{3-2x} + C.$$

例4 计算 $\int x\cdot \mathrm{e}^{x^2}\mathrm{d}x$.

解 $\displaystyle\int x\cdot \mathrm{e}^{x^2}\mathrm{d}x = \frac{1}{2}\int \mathrm{e}^{x^2}\mathrm{d}x^2 = \frac{1}{2}\mathrm{e}^{x^2} + C.$

例5 计算 $\int \dfrac{\sin\sqrt{x}}{\sqrt{x}}\mathrm{d}x$.

解 $\displaystyle\int \frac{\sin\sqrt{x}}{\sqrt{x}}\mathrm{d}x = \int (\sin\sqrt{x})\cdot\frac{1}{\sqrt{x}}\mathrm{d}x = 2\int \sin\sqrt{x}\mathrm{d}\sqrt{x} = -2\cos\sqrt{x} + C.$

在凑微分时，常用到下面的微分式子，熟记它们是必要的.

$(1)\ \mathrm{d}x = \dfrac{1}{a}\mathrm{d}(ax+b)$；

$(2)\ x\mathrm{d}x = \dfrac{1}{2}\mathrm{d}(x^2)$；

$(3)\ x^2\mathrm{d}x = \dfrac{1}{3}\mathrm{d}(x^3)$；

$(4)\ x^{\alpha}\mathrm{d}x = \dfrac{1}{\alpha+1}\mathrm{d}(x^{\alpha+1})$；

$(5)\ \dfrac{1}{x}\mathrm{d}x = \mathrm{d}(\ln x)$；

$(6)\ \dfrac{1}{x^2}\mathrm{d}x = -\mathrm{d}\dfrac{1}{x}$；

$(7)\ \dfrac{1}{\sqrt{x}}\mathrm{d}x = 2\mathrm{d}\sqrt{x}$；

$(8)\ \mathrm{e}^x\mathrm{d}x = \mathrm{d}(\mathrm{e}^x)$；

$(9)\ \cos x\mathrm{d}x = \mathrm{d}(\sin x)$；

$(10)\ \sin x\mathrm{d}x = -\mathrm{d}(\cos x)$；

$(11)\ \sec^2 x\mathrm{d}x = \mathrm{d}(\tan x)$；

$(12)\ \csc^2 x\mathrm{d}x = -\mathrm{d}(\cot x)$；

$(13)\ \sec x\tan x\mathrm{d}x = \mathrm{d}(\sec x)$；

$(14)\ \csc x\cot x\mathrm{d}x = -\mathrm{d}(\csc x)$；

$(15)\ \dfrac{1}{\sqrt{1-x^2}}\mathrm{d}x = \mathrm{d}(\arcsin x)$；

$(16)\ \dfrac{1}{1+x^2}\mathrm{d}x = \mathrm{d}(\arctan x)$.

例 6　求下列不定积分.

（1）$\displaystyle\int \frac{\cos(\ln x)}{x}\mathrm{d}x$；（2）$\displaystyle\int \frac{\mathrm{e}^{\arctan x}}{1+x^2}\mathrm{d}x$；（3）$\displaystyle\int x^2\sqrt{2-x^3}\mathrm{d}x$；（4）$\displaystyle\int \frac{x}{1+x^4}\mathrm{d}x$.

解　（1）$\displaystyle\int \frac{\cos(\ln x)}{x}\mathrm{d}x = \int \cos(\ln x)\cdot\frac{1}{x}\mathrm{d}x = \int \cos(\ln x)\mathrm{d}(\ln x) = \sin(\ln x)+C$；

（2）$\displaystyle\int \frac{\mathrm{e}^{\arctan x}}{1+x^2}\mathrm{d}x = \int \mathrm{e}^{\arctan x}\cdot\frac{1}{1+x^2}\mathrm{d}x = \int \mathrm{e}^{\arctan x}\mathrm{d}(\arctan x) = \mathrm{e}^{\arctan x}+C$；

（3）$\displaystyle\int x^2\sqrt{2-x^3}\mathrm{d}x = \frac{1}{3}\int (2-x^3)^{\frac{1}{2}}\mathrm{d}x^3 = -\frac{1}{3}\int (2-x^3)^{\frac{1}{2}}\mathrm{d}(2-x^3) = -\frac{2}{9}(2-x^3)^{\frac{3}{2}}+C$；

（4）$\displaystyle\int \frac{x}{1+x^4}\mathrm{d}x = \frac{1}{2}\int \frac{1}{1+x^4}\mathrm{d}(x^2) = \frac{1}{2}\int \frac{1}{1+(x^2)^2}\mathrm{d}(x^2) = \frac{1}{2}\arctan x^2+C$.

例 7　求下列不定积分.

（1）$\displaystyle\int \tan x\,\mathrm{d}x$；　　（2）$\displaystyle\int \sec x\,\mathrm{d}x$.

解　（1）$\displaystyle\int \tan x\,\mathrm{d}x = \int \frac{\sin x}{\cos x}\mathrm{d}x = -\int \frac{1}{\cos x}\mathrm{d}(\cos x) = -\ln|\cos x|+C$；

（2）**解法 1**　$\displaystyle\int \sec x\,\mathrm{d}x = \int \frac{\sec x(\sec x+\tan x)}{\sec x+\tan x}\mathrm{d}x = \int \frac{\sec^2 x+\sec x\tan x}{\sec x+\tan x}\mathrm{d}x$

$$= \int \frac{1}{\sec x+\tan x}\mathrm{d}(\tan x+\sec x) = \ln|\sec x+\tan x|+C.$$

解法 2　$\displaystyle\int \sec x\,\mathrm{d}x = \int \frac{1}{\cos x}\mathrm{d}x = \int \frac{\cos x}{\cos^2 x}\mathrm{d}x = \int \frac{1}{1-\sin^2 x}\mathrm{d}(\sin x)$

$$= \frac{1}{2}\int \left(\frac{1}{1-\sin x}+\frac{1}{1+\sin x}\right)\mathrm{d}(\sin x) = \frac{1}{2}\left[-\ln|1-\sin x|+\ln|1+\sin x|\right]$$
$$+C$$
$$= \frac{1}{2}\ln\left|\frac{1+\sin x}{1-\sin x}\right|+C.$$

注：易证 $\ln|\sec x+\tan x| = \dfrac{1}{2}\ln\left|\dfrac{1+\sin x}{1-\sin x}\right|$.

类似的，可得

$$\int \cot x\,\mathrm{d}x = \ln|\sin x|+C;\ \int \csc x\,\mathrm{d}x = \ln|\csc x-\cot x|+C.$$

例 8　求下列不定积分.

（1）$\displaystyle\int \frac{1}{x^2-a^2}\mathrm{d}x\,(a\neq 0)$；　　（2）$\displaystyle\int \frac{1}{x^2+a^2}\mathrm{d}x\,(a>0)$；　　（3）$\displaystyle\int \frac{1}{\sqrt{a^2-x^2}}\mathrm{d}x\,(a>0)$；

（4）$\displaystyle\int \frac{1}{x^2-2x-3}\mathrm{d}x$；　　（5）$\displaystyle\int \frac{2}{x^2-4x+5}\mathrm{d}x$.

解

（1）$\displaystyle\int \frac{1}{x^2-a^2}\mathrm{d}x = \int \frac{1}{(x+a)(x-a)}\mathrm{d}x = \frac{1}{2a}\int \left(\frac{1}{x-a}-\frac{1}{x+a}\right)\mathrm{d}x$

$$= \frac{1}{2a}\left[\int \frac{1}{x-a}\mathrm{d}(x-a) - \int \frac{1}{x+a}\mathrm{d}(x+a)\right] = \frac{1}{2a}\left[\ln|x-a|-\ln|x+a|\right]+C$$

$$= \frac{1}{2a} \ln \left| \frac{x-a}{x+a} \right| + C;$$

$(2) \displaystyle\int \frac{1}{x^2 + a^2} dx = \frac{1}{a^2} \int \frac{1}{1 + \left(\frac{x}{a}\right)^2} dx = \frac{1}{a} \int \frac{1}{1 + \left(\frac{x}{a}\right)^2} d\left(\frac{x}{a}\right) = \frac{1}{a} \arctan \frac{x}{a} + C;$

$(3) \displaystyle\int \frac{1}{\sqrt{a^2 - x^2}} dx = \frac{1}{a} \int \frac{1}{\sqrt{1 - \left(\frac{x}{a}\right)^2}} dx = \int \frac{1}{\sqrt{1 - \left(\frac{x}{a}\right)^2}} d\left(\frac{x}{a}\right) = \arcsin \frac{x}{a} + C;$

$(4) \displaystyle\int \frac{1}{x^2 - 2x - 3} dx = \frac{1}{4} \int \left(\frac{1}{x-3} - \frac{1}{x+1}\right) dx = \frac{1}{4} (\ln|x-3| - \ln|x+1|) + C$

$$= \frac{1}{4} \ln \left| \frac{x-3}{x+1} \right| + C;$$

$(5) \displaystyle\int \frac{2}{x^2 - 4x + 5} dx = 2 \int \frac{1}{(x-2)^2 + 1} dx = 2 \int \frac{1}{(x-2)^2 + 1} d(x-2)$

$$= 2\arctan(x-2) + C.$$

现将以上举过的一些例子的结论作为前面积分基本公式的补充，归纳如下：

$(14) \displaystyle\int \tan x \, dx = -\ln|\cos x| + C;$ $\qquad (15) \displaystyle\int \cot x \, dx = \ln|\sin x| + C;$

$(16) \displaystyle\int \sec x \, dx = \ln|\sec x + \tan x| + C;$ $\qquad (17) \displaystyle\int \csc x \, dx = \ln|\csc x - \cot x| + C;$

$(18) \displaystyle\int \frac{1}{\sqrt{a^2 - x^2}} dx = \arcsin \frac{x}{a} + C(a > 0);$ $\qquad (19) \displaystyle\int \frac{1}{x^2 + a^2} dx = \frac{1}{a} \arctan \frac{x}{a} + C(a > 0);$

$(20) \displaystyle\int \frac{1}{x^2 - a^2} dx = \frac{1}{2a} \ln \left| \frac{x-a}{x+a} \right| + C(a > 0).$

5.2.2 第二换元积分法

第一换元积分法是先凑微分，再用新变量 u 替换 $\varphi(t)$，将积分 $\displaystyle\int f(\varphi(t))\varphi'(t) dt$ 化为 $\displaystyle\int f(u) du$。但是有时需将公式反过来使用，即已知 $\displaystyle\int f(x) dx$ 的不定积分，需要作变量代换 $x = \varphi(t)$，将其化为 $\displaystyle\int f(\varphi(t))\varphi'(t) dt$ 的积分，这就是第二换元积分法。

例 9 计算 $\displaystyle\int \frac{1}{1 + \sqrt{x}} dx.$

解 因为被积函数中含有根号，不容易凑微分，可先做变量代换。

令 $\sqrt{x} = t$，则 $x = t^2$，$dx = 2t dt$，于是有

$$\int \frac{1}{1 + \sqrt{x}} dx = \int \frac{1}{1+t} \cdot 2t dt = 2 \int \frac{t}{1+t} dt = 2 \int \frac{t+1-1}{1+t} dt = 2 \int \left(1 - \frac{1}{1+t}\right) dt$$

$$= 2\left(\int 1 dt - \int \frac{1}{1+t} dt\right) = 2t - 2\ln|1+t| + C = 2\sqrt{x} + 2\ln|1 + \sqrt{x}| + C.$$

定理 2 若 $f(x)$ 是连续函数，$x = \varphi(t)$ 具有连续的导数，且 $\varphi'(t) \neq 0$。又设 $\displaystyle\int f(\varphi(t))\varphi'(t) dt = F(t) + C$，则第二换元公式

$$\int f(x)\,\mathrm{d}x = \int f(\varphi(t))\varphi'(t)\,\mathrm{d}t = F(t) + C = F(\varphi^{-1}(x)) + C.$$

例 10　计算 $\displaystyle\int \frac{1}{\sqrt{x}+\sqrt[3]{x}}\mathrm{d}x$.

解　因为被积函数中含有 $\sqrt{x}$ 和 $\sqrt[3]{x}$ 两个根式，所以令 $\sqrt[6]{x}=t$，则 $x=t^6$，$\mathrm{d}x=6t^5\mathrm{d}t$. 于是有

$$\int \frac{1}{\sqrt{x}+\sqrt[3]{x}}\mathrm{d}x = \int \frac{1}{t^3+t^2}\cdot 6t^5\mathrm{d}t = 6\int \frac{t^3}{1+t}\mathrm{d}t = 6\int \frac{t^3+1-1}{1+t}\mathrm{d}t$$

$$= 6\int\left(t^2-t+1-\frac{1}{1+t}\right)\mathrm{d}t = 2t^3-3t^2+6t-6\ln|t+1|+C$$

$$= 2\sqrt{x}-3\sqrt[3]{x}+6\sqrt[6]{x}-6\ln(\sqrt[6]{x}+1)+C.$$

例 11　计算 $\displaystyle\int \frac{\sqrt{1-x}}{x}\mathrm{d}x$.

解　令 $\sqrt{1-x}=t$，$x=1-t^2$，则 $\mathrm{d}x=-2t\mathrm{d}t$，于是有

$$\int \frac{\sqrt{1-x}}{x}\mathrm{d}x = 2\int \frac{t^2}{1-t^2}\mathrm{d}t = 2\int \frac{(-t^2+1)-1}{1-t^2}\mathrm{d}t$$

$$= 2\int\left(1-\frac{1}{1-t^2}\right)\mathrm{d}t = 2t+\ln\left|\frac{t-1}{t+1}\right|+C.$$

代回变量 $t=\sqrt{1-x}$，得

$$\int \frac{\sqrt{1-x}}{x}\mathrm{d}x = 2t+\ln\left|\frac{t-1}{t+1}\right|+C = 2\sqrt{1-x}+\ln\frac{\sqrt{1-x}-1}{\sqrt{1-x}+1}+C.$$

例 12　求 $\displaystyle\int \sqrt{a^2-x^2}\,\mathrm{d}x\,(a>0)$.

解　我们利用三角公式 $\sin^2 t+\cos^2 t=1$ 来化去根式.

设 $x=a\sin t$ 并限定 $-\dfrac{\pi}{2}<t<\dfrac{\pi}{2}$，于是有反函数 $t=\arcsin\dfrac{x}{a}$，则

$$\sqrt{a^2-x^2}=\sqrt{a^2-a^2\sin^2 t}=|a\cos t|=a\cos t,\ \ \mathrm{d}x=a\cos t\,\mathrm{d}t.$$

这样被积表达式中就不含根式，所求积分化为

$$\int \sqrt{a^2-x^2}\,\mathrm{d}x = \int a\cos t\cdot a\cos t\,\mathrm{d}t = a^2\int \cos^2 t\,\mathrm{d}t$$

$$= \frac{a^2}{2}\int(1+\cos 2t)\,\mathrm{d}t = \frac{a^2}{2}\left(t+\frac{1}{2}\sin 2t\right)+C.$$

用 $t=\arcsin\dfrac{x}{a}$ 代入，并由 $\sin t=\dfrac{x}{a}$，$\cos t=\dfrac{1}{a}\sqrt{a^2-x^2}$（见图 5-2-1）有

$$\int \sqrt{a^2-x^2}\,\mathrm{d}x = \frac{a^2}{2}\arcsin\frac{x}{a}+\frac{x}{2}\sqrt{a^2-x^2}+C.$$

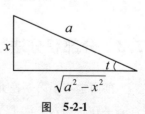

图 **5-2-1**

例 13　求 $\displaystyle\int \frac{\mathrm{d}x}{x\sqrt{x^2-1}}$.

解　此例可以用三角代换，但用倒代换积分比较简单. 令 $x=\dfrac{1}{t}$，则 $\mathrm{d}x=-\dfrac{1}{t^2}\mathrm{d}t$，于是

$$\int \frac{\mathrm{d}x}{x\sqrt{x^2-1}} = \int \frac{1}{\frac{1}{t}\sqrt{\frac{1}{t^2}-1}}\left(-\frac{1}{t^2}\mathrm{d}t\right) = -\int \frac{1}{\sqrt{1-t^2}}\mathrm{d}t$$

$$= -\arcsin t + C = -\arcsin \frac{1}{x} + C.$$

习题 5.2

1. 在下列各题等号右端的横线上填入适当的系数, 使等式成立.

(1) $\mathrm{d}x = \underline{\quad}\mathrm{d}\left(\dfrac{x}{4}\right)$;

(2) $\mathrm{d}x = \underline{\quad}\mathrm{d}(3-2x)$;

(3) $x\mathrm{d}x = \underline{\quad}\mathrm{d}(x^2+1)$;

(4) $\dfrac{1}{\sqrt{x}}\mathrm{d}x = \underline{\quad}\mathrm{d}(\sqrt{x}+1)$;

(5) $\dfrac{1}{x^2}\mathrm{d}x = \underline{\quad}\mathrm{d}\left(\dfrac{1}{x}\right)$;

(6) $\sin 2x\mathrm{d}x = \underline{\quad}\mathrm{d}(\cos 2x)$.

2. 求下列不定积分.

(1) $\displaystyle\int (3x-4)^3\mathrm{d}x$;

(2) $\displaystyle\int e^{-2x}\mathrm{d}x$;

(3) $\displaystyle\int \frac{e^{\arcsin x}}{\sqrt{1-x^2}}\mathrm{d}x$;

(4) $\displaystyle\int \sin^3 x\mathrm{d}x$;

(5) $\displaystyle\int \frac{1}{4-3x}\mathrm{d}x$;

(6) $\displaystyle\int \frac{x}{\sqrt{1-x^2}}\mathrm{d}x$;

(7) $\displaystyle\int \frac{1}{x^2}\sec^2\frac{1}{x}\mathrm{d}x$;

(8) $\displaystyle\int \frac{\sin\sqrt{x}}{\sqrt{x}}\mathrm{d}x$;

(9) $\displaystyle\int \frac{1}{x\cdot\ln^2 x}\mathrm{d}x$;

(10) $\displaystyle\int \frac{(\arctan x)^2}{1+x^2}\mathrm{d}x$.

3. 求下列不定积分.

(1) $\displaystyle\int \frac{1}{1+\sqrt{2x}}\mathrm{d}x$;

(2) $\displaystyle\int \frac{1}{\sqrt[3]{x}+1}\mathrm{d}x$;

(3) $\displaystyle\int \frac{\sqrt{x}}{\sqrt{x}-1}\mathrm{d}x$;

(4) $\displaystyle\int \frac{1}{\sqrt{x}+\sqrt[3]{x^2}}\mathrm{d}x$;

(5) $\displaystyle\int \sqrt{1-x^2}\mathrm{d}x$.

5.3 分部积分法

前面学习了第一换元积分法(凑微分)和第二换元积分法, 虽然换元法应用范围很广, 但是对于某些积分, 如 $\displaystyle\int x\sin x\mathrm{d}x$、$\displaystyle\int x\ln x\mathrm{d}x$、$\displaystyle\int x e^x\mathrm{d}x$ 来说, 上述两种方法都不能奏效. 本节将介绍第三种积分方法——分部积分法.

设函数 $u = u(x)$, $v = v(x)$ 具有连续导数, 由乘积的求导法则, 有

$$(uv)' = u'v + uv',$$

等式两端同时积分，得

$$uv = \int u'v \mathrm{d}x + \int uv' \mathrm{d}x,$$

移项得

$$\int uv' \mathrm{d}x = uv - \int vu' \mathrm{d}x$$

或

$$\int u \mathrm{d}v = uv - \int v \mathrm{d}u$$

这就是不定积分的分部积分公式.

对分部积分公式作以下几点说明：

(1)分部积分公式是乘积求导公式的逆运算，它主要解决被积函数是两类函数的乘积的不定积分，如 $\int x e^x \mathrm{d}x$，$\int x \cdot \sin x \mathrm{d}x$，$\int e^x \cdot \cos x \mathrm{d}x$ 等.

(2)使用分部积分公式的关键是恰当地选择 u 和 $\mathrm{d}v$，选择的原则是

1) $v(x)$ 易求出；2) $\int v \mathrm{d}u$ 比原积分 $\int u \mathrm{d}v$ 易积出.

例 1 计算 $\int x \ln x \mathrm{d}x$.

解 令 $u = \ln x$，$\mathrm{d}v = x \mathrm{d}x = \mathrm{d}\left(\frac{1}{2}x^2\right)$，则 $v = \frac{1}{2}x^2$. 于是

$$\int x \ln x \mathrm{d}x = \int u \mathrm{d}v = uv - \int v \mathrm{d}u = \frac{1}{2}x^2 \cdot \ln x - \int \frac{1}{2}x^2 \mathrm{d}(\ln x)$$

$$= \frac{1}{2}x^2 \ln x - \frac{1}{2}\int x^2 \cdot \frac{1}{x} \mathrm{d}x = \frac{1}{2}x^2 \ln x - \frac{1}{4}x^2 + C$$

$$= \frac{1}{4}x^2(2\ln x - 1) + C.$$

例 2 求 $\int x \cdot \sin x \mathrm{d}x$.

解 $\int x \cdot \sin x \mathrm{d}x = -\int x \cdot \mathrm{d}\cos x = -\left(x \cdot \cos x - \int \cos x \mathrm{d}x\right) = -x \cdot \cos x + \sin x + C.$

如果

$$\int x \cdot \sin x \mathrm{d}x = \frac{1}{2}\int \sin x \cdot \mathrm{d}x^2 = \frac{1}{2}\left(x^2 \cdot \sin x - \int x^2 \cdot \mathrm{d}(\sin x)\right)$$

$$= \frac{1}{2}\left(x^2 \cdot \sin x - \int x^2 \cdot \cos x \mathrm{d}x\right).$$

显然，第二次选择的 u，v 不恰当.

例 3 计算 $\int x e^{-x} \mathrm{d}x$.

解 令 $u = x$，$\mathrm{d}v = e^{-x} \mathrm{d}x = \mathrm{d}(-e^{-x})$，则 $v = -e^{-x}$，于是有

$$\int x e^{-x} \mathrm{d}x = \int u \mathrm{d}v = uv - \int v \mathrm{d}u = -x e^{-x} - \int (-e^{-x}) \mathrm{d}x = -x e^{-x} - e^{-x} + C = -e^{-x}(x+1) + C.$$

例 4 计算 $\int x^2 e^x \mathrm{d}x$.

解 $\int x^2 e^x \mathrm{d}x = x^2 e^x - \int e^x \mathrm{d}x^2 = x^2 e^x - 2\int x e^x \mathrm{d}x$

$$= x^2 \mathrm{e}^x - 2x\mathrm{e}^x + 2\int \mathrm{e}^x \mathrm{d}x = x^2 \mathrm{e}^x - 2x\mathrm{e}^x + 2\mathrm{e}^x + C$$

$$= \mathrm{e}^x(x^2 - 2x + 2) + C.$$

例 5 计算 $\int \arctan x \mathrm{d}x$.

解 $\int \arctan x \mathrm{d}x = x\arctan x - \int x\mathrm{d}(\arctan x)$

$$= x\arctan x - \int \frac{x}{1+x^2}\mathrm{d}x = x\arctan x - \frac{1}{2}\int \frac{1}{1+x^2}\mathrm{d}(1+x^2)$$

$$= x\arctan x - \frac{1}{2}\ln(1+x^2) + C.$$

例 6 计算 $\int \mathrm{e}^{\sqrt{x}}\mathrm{d}x$.

解 令 $\sqrt{x} = t$，则 $x = t^2$，得 $\mathrm{d}x = 2t\mathrm{d}t$，于是有

$$\int \mathrm{e}^{\sqrt{x}}\mathrm{d}x = 2\int t\mathrm{e}^t\mathrm{d}t = 2t\mathrm{e}^t - 2\int \mathrm{e}^t\mathrm{d}t = 2t\mathrm{e}^t - 2\mathrm{e}^t + C = 2\mathrm{e}^{\sqrt{x}}(\sqrt{x} - 1) + C.$$

习题 5.3

求下列不定积分.

(1) $\int x \cdot \cos x \mathrm{d}x$；
(2) $\int x \cdot \mathrm{e}^{-x}\mathrm{d}x$；
(3) $\int \arcsin x \mathrm{d}x$；

(4) $\int x \cdot \ln x \mathrm{d}x$；
(5) $\int \mathrm{e}^x \sin x \mathrm{d}x$；
(6) $\int \mathrm{e}^{\sqrt{x}}\mathrm{d}x$.

复习题 5

1. 计算下列不定积分.

(1) $\int (3x^2 + 2^x - 4)\mathrm{d}x$；
(2) $\int \frac{x^3 + \sqrt{x^3} + 3}{\sqrt{x}}\mathrm{d}x$；
(3) $\int \frac{5}{\sqrt{1-x^2}}\mathrm{d}x$；

(4) $\int \left(\frac{1}{x} + \frac{x}{2}\right)^2 \mathrm{d}x$；
(5) $\int \frac{1}{x^2(x^2+1)}\mathrm{d}x$；
(6) $\int \sec x(\sec x - \tan x)\mathrm{d}x$；

(7) $\int \frac{\cos 2x}{\cos^2 x}\mathrm{d}x$；
(8) $\int \frac{1}{1+\cos 2x}\mathrm{d}x$.

2. 计算下列积分.

(1) $\int \mathrm{e}^{2x+1}\mathrm{d}x$；
(2) $\int \frac{1}{(1+3x)^2}\mathrm{d}x$；
(3) $\int \sqrt[3]{x+1}\mathrm{d}x$；

(4) $\int \frac{x-1}{x+1}\mathrm{d}x$；
(5) $\int \frac{x}{\sqrt{1+x^2}}\mathrm{d}x$；
(6) $\int \frac{\ln^3 x}{x}\mathrm{d}x$；

(7) $\int \frac{\sin \frac{1}{x}}{x^2}\mathrm{d}x$；
(8) $\int \frac{\sin x}{\sqrt{\cos x}}\mathrm{d}x$；
(9) $\int \frac{\mathrm{e}^x}{\sqrt{2+\mathrm{e}^x}}\mathrm{d}x$；

（10）$\int \dfrac{\mathrm{e}^x}{1 + \mathrm{e}^{2x}} \mathrm{d}x$；　　　　（11）$\int \dfrac{2^{\sqrt{x}}}{\sqrt{x}} \mathrm{d}x$；　　　　（12）$\int \sin^2 x \cos^3 x \mathrm{d}x$.

（13）$\int \dfrac{2}{x^2 - 5x + 6} \mathrm{d}x$；　　　　（14）$\int \dfrac{x + 3}{x^2 + 2x + 10} \mathrm{d}x$.

3．计算下列积分.

（1）$\int \dfrac{1}{\sqrt{x}(1 + x)} \mathrm{d}x$；　　　　　　（2）$\int \dfrac{x}{1 + \sqrt{x + 1}} \mathrm{d}x$；

（3）$\int \dfrac{2 - \sqrt{2x - 3}}{1 - 2x} \mathrm{d}x$；　　　　（4）$\int \dfrac{1}{1 + \sqrt[3]{x + 1}} \mathrm{d}x$.

4．计算下列积分.

（1）$\int \ln x \mathrm{d}x$；　　　　　　　　　（2）$\int x^2 \ln x \mathrm{d}x$；

（3）$\int x \sin x \mathrm{d}x$；　　　　　　　　（4）$\int x \mathrm{e}^x \mathrm{d}x$；

（5）$\int \arcsin x \mathrm{d}x$；　　　　　　　（6）$\int \mathrm{e}^x \sin x \mathrm{d}x$.

5．已知曲线过点 $(1, 2)$，并且曲线上任一点的切线斜率为 $x - 1$，求此曲线方程.

6．一物体做直线运动，其速度 $v = 2t + 3 (\mathrm{m/s})$，当 $t = 2\mathrm{s}$ 时，物体经过的路程 $s = 10\mathrm{m}$，求物体的运动方程.

7．若已知红星零件厂螺丝的边际成本函数为 $C'(x) = 3x^2 + 2x$，求该产品的成本函数 $C(x)$.

8．已知商店销售某产品每日销售量为 Q 时的边际收入为 $R'(Q) = 50 - 0.2Q$，求每日的销售函数 $R(Q)$.

第6章 定积分及其应用

本章将讨论积分学的另一重要内容——定积分，它和上一章讨论的不定积分有着密切的内在联系. 我们将从具体实例出发引入定积分的概念，然后讨论它的性质与计算方法，最后介绍定积分在几何学、物理学、经济学中的应用.

6.1 定积分的概念与性质

6.1.1 引例

1. 曲边梯形的面积

设 $y = f(x)$ 是区间 $[a, b]$ 上非负连续函数，求由直线 $x = a$，$x = b$，$y = 0$ 以及曲线 $y = f(x)$ 所围成的曲边梯形的面积 A，如图 6-1-1a 所示.

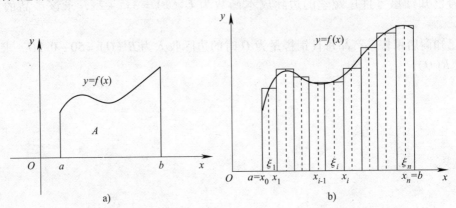

图 6-1-1

我们知道矩形面积公式为

$$矩形面积 = 底 \times 高.$$

由于曲边梯形在底边上各点处的高 $f(x)$ 在区间 $[a, b]$ 上是变化的，因此它的面积就不能按矩形面积来计算. 然而，曲边梯形高 $f(x)$ 在区间 $[a, b]$ 上是连续的，当 x 变化很小时，$f(x)$ 的变化也很小，如果把 x 限制在一个很小的区间上，这样曲边梯形可以近似地看作矩形. 基于这样一个事实，我们设想把曲边梯形沿 y 轴方向切割成许多窄长条，如图 6-1-1b 所示，每个窄长条按小矩形近似计算其面积，将小矩形面积的近似值求和得到曲边梯形面积的近似值. 若分割越细，则误差越小，于是当窄长条宽度趋近于零时，就可得到曲边梯形面积的精确值.

根据上述分析，我们按四个步骤计算曲边梯形的面积：

（1）分割. 在区间 $[a, b]$ 内任意插入 $n - 1$ 个分点，即用分点

$$a = x_0 < x_1 < x_2 < \cdots < x_{x-1} < x_n = b$$

把区间 $[a, b]$ 分成 n 个小区间

$$[x_0, x_1], [x_1, x_2], \cdots, [x_{n-1}, x_n],$$

第 i 个小区间的长度记为 $\Delta x_i (i = 1, 2, \cdots, n)$，即

$$\Delta x_i = x_i - x_{i-1} (i = 1, 2, \cdots, n).$$

过各个分点作垂直于 x 轴的直线，把曲边梯形分成 n 个小曲边梯形，第 i 个小曲边梯形的面积记为 $\Delta A_i (i = 1, 2, \cdots, n)$，则

$$A = \Delta A_1 + \Delta A_2 + \cdots + \Delta A_n = \sum_{i=1}^{n} \Delta A_i.$$

（2）近似. 在第 i 个小区间 $[x_{i-1}, x_i] (i = 1, 2, \cdots, n)$ 上任取一点 ξ_i，则第 i 个小曲边梯形的面积 ΔA_i 的近似值为

$$\Delta A_i \approx f(\xi_i) \Delta x_i (i = 1, 2, \cdots, n).$$

（3）求和. 将 n 个小曲边梯形面积的近似值加起来，就得到曲边梯形面积 A 的近似值

$$\begin{aligned} A &= \Delta A_1 + \Delta A_2 + \cdots + \Delta A_n \\ &\approx f(\xi_1) \Delta x_1 + f(\xi_2) \Delta x_2 + \cdots + f(\xi_n) \Delta x_n \\ &= \sum_{i=1}^{n} f(\xi_i) \Delta x_i. \end{aligned}$$

（4）取极限. 为了保证所有小区间的长度 Δx_i 都趋于零，我们要求小区间长度的最大值 $\lambda = \max\{\Delta x_1, \Delta x_2, \cdots, \Delta x_n\}$ 趋近于零（这时分点数 n 无限增大，即 $n \to \infty$），而式 $\sum_{i=1}^{n} f(\xi_i) \Delta x_i$ 的极限就是曲边梯形的面积，即

$$A = \lim_{\lambda \to 0} \sum_{i=1}^{n} f(\xi_i) \Delta x_i.$$

2. 变速直线运动的路程

设某物体做变速直线运动，已知速度 $v = v(t)$ 是时间 t 的连续函数，求物体在时间段 $[T_1, T_2]$ 内所经过的路程 S.

我们知道，物体做匀速直线运动时，其路程公式为

$$路程 = 速度 \times 时间.$$

由于物体做变速直线运动，因此不能用匀速运动的路程公式计算路程. 然而，已知速度 $v = v(t)$ 是连续变化的，在很短一段时间内，速度的变化很小，近似于匀速，其路程可用匀速直线运动的路程公式来计算. 同样，可采用求曲边梯形面积的思路与步骤来求解路程问题.

（1）分割. 在时间段 $[T_1, T_2]$ 内任意插入 $n-1$ 个分点

$$T_1 = t_0 < t_1 < t_2 < \cdots < t_{n-1} < t_n = T_2,$$

把 $[T_1, T_2]$ 分成 n 个小段

$$[t_0, t_1], [t_1, t_2], \cdots, [t_{n-1}, t_n],$$

各小段的时间长依次是

$$\Delta t_i = t_i - t_{i-1} (i = 1, 2, \cdots, n),$$

相应地路程被分为成 n 个小段.

（2）近似. 当每个时间段 $[t_{i-1}, t_i]$ 很小时，在该时间段内物体可近似看作匀速直线运动.

在 $[t_{i-1}, t_i]$ 上任取一点 ξ_i，相应的速度值为 $v(\xi_i)$，那么物体在该时间段内经过的路程 ΔS_i 的近似值为

$$\Delta S_i \approx v(\xi_i)\Delta t_i (i=1, 2\cdots n).$$

（3）求和. 把 n 个小段路程 ΔS_i 的近似值加起来，就得到全部路程 S 的近似值

$$S = \Delta S_1 + \Delta S_2 + \cdots + \Delta S_n$$

$$\approx v(\xi_1)\Delta t_1 + v(\xi_2)\Delta t_2 + \cdots + v(\xi_n)\Delta t_n$$

$$= \sum_{i=1}^{n} v(\xi_i)\Delta t_i.$$

（4）取极限. 为了保证所有的小时间段 Δt_i 都趋于零，我们要求小时间段的最大值 $\lambda = \max\{\Delta x_1, \Delta x_2, \cdots, \Delta x_n\}$ 趋近于零（这时分点数 n 无限增大，即 $n \to \infty$），而式 $\sum\limits_{i=1}^{n} v(\xi_i)\Delta t_i$ 的极限就是路程 S 的精确值，即

$$S = \lim_{\lambda \to 0} \sum_{i=1}^{n} v(\xi_i)\Delta t_i.$$

从以上两个引例可以看出，虽然研究的问题不同，但解决问题的思路和方法是相同的，都是"分割、近似、求和、取极限". 在科学技术和工程应用中，许多问题撇开其具体意义，都可以用相同的方法处理，从而有定积分的概念.

6.1.2 定积分的定义

定义 设函数 $f(x)$ 在区间 $[a, b]$ 上有界，在 $[a, b]$ 中任意插入 $n-1$ 个分点

$$a = x_0 < x_1 < x_2 < \cdots < x_{n-1} < x_n = b,$$

把区间 $[a, b]$ 分成 n 个小区间

$$[x_0, x_1], [x_1, x_2], \cdots, [x_{n-1}, x_n],$$

第 i 个小区间的长度记为 $\Delta x_i (i=1, 2, \cdots, n)$，即

$$\Delta x_i = x_i - x_{i-1}(i=1, 2, \cdots, n),$$

在每个小区间 $[x_{i-1}, x_i](i=1, 2, \cdots, n)$ 上任取一点 ξ_i，作乘积 $f(\xi_i)\Delta x_i (i=1, 2, \cdots, n)$，并作和式

$$\sum_{i=1}^{n} f(\xi_i)\Delta x_i.$$

令 $\lambda = \max\{\Delta x_1, \Delta x_2, \cdots, \Delta x_n\}$，若 $\lambda \to 0$ 时，上述和式的极限

$$\lim_{\lambda \to 0} \sum_{i=1}^{n} f(\xi_i)\Delta x_i$$

存在，且极限值与区间 $[a, b]$ 的分法和点 ξ_i 在区间 $[x_{i-1}, x_i]$ 上的取法无关，则称函数 $f(x)$ 在区间 $[a, b]$ 上可积，并称此极限为函数 $f(x)$ 在区间 $[a, b]$ 上的**定积分**，记作 $\int_a^b f(x)\mathrm{d}x$，即

$$\int_a^b f(x)\mathrm{d}x = \lim_{\lambda \to 0} \sum_{i=1}^{n} f(\xi_i)\Delta x_i,$$

其中 $f(x)$ 称为被积函数，$f(x)\mathrm{d}x$ 称为被积表达式，x 称为积分变量，区间 $[a, b]$ 称为积分区间，a，b 分别称为积分下限和积分上限.

根据定积分的定义，前面两个实际问题可以用定积分来表述：

（1）由连续曲线 $y = f(x)$ $(f(x) \geq 0)$ 与直线 $x = a$，$x = b$，$y = 0$ 所围成的曲边梯形的面积 A 等于函数 $f(x)$ 在区间 $[a, b]$ 上的定积分，即

$$A = \int_a^b f(x)\,\mathrm{d}x.$$

（2）物体以 $v = v(t)$ 做变速直线运动，在时间段 $[T_1, T_2]$ 内所经过的路程 S 等于速度函数 $v = v(t)$ 在区间 $[T_1, T_2]$ 上的定积分，即

$$S = \int_{T_1}^{T_2} v(t)\,\mathrm{d}t.$$

注：（1）定积分 $\int_a^b f(x)\,\mathrm{d}x$ 是一个和式的极限，是一个确定的数值，它取决于被积函数与积分上下限，而与积分变量采用什么字母无关. 即有

$$\int_a^b f(x)\,\mathrm{d}x = \int_a^b f(t)\,\mathrm{d}t = \int_a^b f(u)\,\mathrm{d}u.$$

（2）在定积分的定义中，总假定 $a < b$，为了以后计算方便对于 $a > b$ 及 $a = b$ 的情况，给出以下补充定义：

当 $a = b$ 时，$\int_a^b f(x)\,\mathrm{d}x = 0.$

当 $a > b$ 时，$\int_a^b f(x)\,\mathrm{d}x = -\int_b^a f(x)\,\mathrm{d}x.$

（3）定积分的存在性　当 $f(x)$ 在 $[a, b]$ 上连续或只有有限个第一类间断点时，$f(x)$ 在 $[a, b]$ 的定积分存在（也称可积）. 因此，初等函数在定义区间内都是可积的.

例 1　根据定积分的定义，求 $\int_0^1 x^2\,\mathrm{d}x.$

解　因为函数 $f(x) = x^2$ 在区间 $[0, 1]$ 上连续，所以可积. 又因为积分值与区间 $[0, 1]$ 的分法及 ξ_i 点的取法无关，所以为方便计算，我们将区间 $[0, 1]$ 分成 n 等份，分点 $x_i = \dfrac{i}{n}$ $(i = 1, 2, \cdots, n-1)$，ξ_i 取相应小区间的右端点，即 $\xi_i = \dfrac{i}{n}$ $(i = 1, 2, \cdots, n)$，此时 $\Delta x_i = \dfrac{1}{n}$ $(i = 1, 2, \cdots, n)$，于是积分和式为

$$
\begin{aligned}
\sum_{i=1}^{n} f(\xi_i)\,\Delta x_i &= \sum_{i=1}^{n} \xi_i^2\,\Delta x_i \\
&= \sum_{i=1}^{n} \left(\frac{i}{n}\right)^2 \frac{1}{n} = \frac{1}{n^3} \sum_{i=1}^{n} i^2 \\
&= \frac{1}{n^3} \frac{1}{6} n(n+1)(2n+1) \\
&= \frac{1}{6}\left(1 + \frac{1}{n}\right)\left(2 + \frac{1}{n}\right),
\end{aligned}
$$

因为 $\lambda = \max\left\{\dfrac{1}{n}, \dfrac{1}{n}, \cdots, \dfrac{1}{n}\right\} = \dfrac{1}{n}$，所以当 $n \to \infty$ 时 $\lambda \to 0$，于是得

$$\int_0^1 x^2\,\mathrm{d}x = \lim_{\lambda \to 0} \sum_{i=1}^{n} f(\xi_i)\,\Delta x_i = \lim_{n \to \infty} \frac{1}{6}\left(1 + \frac{1}{n}\right)\left(2 + \frac{1}{n}\right) = \frac{1}{3}.$$

6.1.3　定积分的几何意义

由前面的讨论可知：

（1）若 $f(x)$ 在 $[a, b]$ 上连续，且 $f(x) \geqslant 0$，则定积分 $\int_a^b f(x) \mathrm{d}x$ 表示由曲线 $y = f(x)$ 与直线 $x = a, x = b, y = 0$ 所围成的曲边梯形的面积 A（见图 6-1-2），即

$$\int_a^b f(x) \mathrm{d}x = A.$$

（2）若 $f(x)$ 在 $[a, b]$ 上连续，且 $f(x) \leqslant 0$，则定积分 $\int_a^b f(x) \mathrm{d}x$ 表示由曲线 $y = f(x)$ 与直线 $x = a, x = b, y = 0$ 所围成的曲边梯形的面积 A 的负值（见图 6-1-3），即

$$\int_a^b f(x) \mathrm{d}x = -A.$$

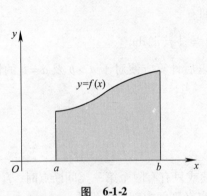

图　6-1-2

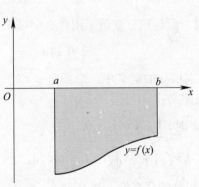

图　6-1-3

（3）若 $f(x)$ 在区间 $[a, b]$ 上连续，且有时取正值，有时取负值，则积分 $\int_a^b f(x) \mathrm{d}x$ 表示介于 x 轴、曲线 $y = f(x)$ 及直线 $x = a$、$x = b$ 之间各部分面积的代数和（见图 6-1-4），即

$$\int_a^b f(x) \mathrm{d}x = A_1 - A_2 + A_3.$$

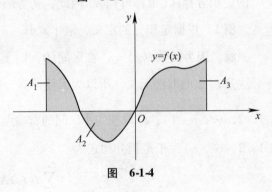

图　6-1-4

例 2　用定积分表示图 6-1-5 中三个图形阴影部分的面积.

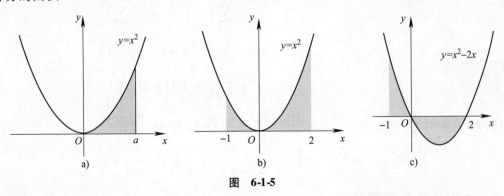

图　6-1-5

解　（1）被积函数 $f(x) = x^2$ 在 $[0, a]$ 上连续，且 $f(x) \geqslant 0$，根据定积分的几何意义可得

阴影部分的面积为 $A = \int_0^a x^2 \mathrm{d}x$.

（2）被积函数 $f(x) = x^2$ 在 $[-1, 2]$ 上连续，且 $f(x) \geqslant 0$，根据定积分的几何意义可得阴影部分的面积为 $A = \int_{-1}^2 x^2 \mathrm{d}x$.

（3）被积函数 $f(x) = x^2 - 2x$ 在 $[-1, 2]$ 上连续，且在 $[-1, 0]$ 上，$f(x) \geqslant 0$，在 $[0, 2]$ 上 $f(x) \leqslant 0$，根据定积分的几何意义可得阴影部分的面积为

$$A = \int_{-1}^0 (x^2 - 2x) \mathrm{d}x - \int_0^2 (x^2 - 2x) \mathrm{d}x.$$

例 3　利用定积分的几何意义求定积分 $\int_a^b k \mathrm{d}x$（k 为常数）.

解　不妨设 $k \geqslant 0$，根据定积分的几何意义，该定积分是由直线 $y = k$ 和直线 $x = a$，$x = b$ 及 x 轴所围成的矩形面积，所以

$$\int_a^b k \mathrm{d}x = k(b - a).$$

若 $k < 0$，由定积分的几何意义有相同的结果．于是对任意常数 k，都有

$$\int_a^b k \mathrm{d}x = k(b - a).$$

6.1.4　定积分的性质

设 $f(x)$，$g(x)$ 为可积函数，则有

性质 1　如果在积分区间 $[a, b]$ 上，被积函数 $f(x) \equiv 1$，如图 6-1-6 所示，那么

$$\int_a^b 1 \mathrm{d}x = \int_a^b \mathrm{d}x = b - a.$$

显然定积分 $\int_a^b \mathrm{d}x$ 在几何上表示以 $[a, b]$ 为底，$f(x) \equiv 1$ 为高的矩形的面积.

一般的，

$$\int_a^b C \mathrm{d}x = C(b - a)（C \text{ 为常数}）.$$

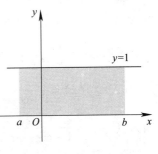

图　6-1-6

性质 2　被积函数中的常数因子可提到定积分号前面，即

$$\int_a^b k f(x) \mathrm{d}x = k \int_a^b f(x) \mathrm{d}x（k \text{ 为常数}）.$$

性质 3　函数的代数和的定积分等于它们的定积分的代数和，即

$$\int_a^b [f(x) \pm g(x)] \mathrm{d}x = \int_a^b f(x) \mathrm{d}x \pm \int_a^b g(x) \mathrm{d}x.$$

这个性质可以推广到有限多个函数的代数和的情况.

性质 4（积分对区间的可加性）　如果积分区间 $[a, b]$ 被点 c 分成两个区间 $[a, c]$ 和 $[c, b]$，那么

$$\int_a^b f(x) \mathrm{d}x = \int_a^c f(x) \mathrm{d}x + \int_c^b f(x) \mathrm{d}x.$$

值得注意的是，不论 c 在 $[a, b]$ 内还是 $[a, b]$ 外，性质总成立.

利用性质 4 和定积分的几何意义，可以看出奇函数和偶函数在对称于原点的区间(简称为对称区间)上的定积分有以下计算公式：

(1)如果 $f(x)$ 在 $[-a, a]$ 上连续且为奇函数(见图 6-1-7)，那么 $\int_{-a}^{a} f(x)\mathrm{d}x = 0$.

(2)如果 $f(x)$ 在 $[-a, a]$ 上连续且为偶函数(见图 6-1-8)，那么 $\int_{-a}^{a} f(x)\mathrm{d}x = 2\int_{0}^{a} f(x)\mathrm{d}x$.

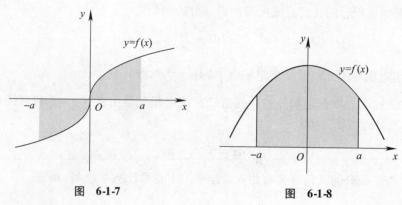

图 6-1-7　　　　图 6-1-8

例 4　利用函数奇偶性计算下列定积分.

$(1) \int_{-\frac{\pi}{2}}^{\frac{\pi}{2}} \sin^7 x\mathrm{d}x$ ；$(2) \int_{-\frac{\pi}{4}}^{\frac{\pi}{4}} \frac{x}{1+\cos x}\mathrm{d}x$ ；$(3) \int_{-1}^{1} x^2\mathrm{d}x$.

解　(1)令 $f(x) = \sin^7 x$，

因为 $f(-x) = \sin^7(-x) = -\sin^7 x = -f(x)$，所以 $f(x)$ 为奇函数.

又因为 $\left[-\frac{\pi}{2}, \frac{\pi}{2}\right]$ 为对称区间，于是 $\int_{-\frac{\pi}{2}}^{\frac{\pi}{2}} \sin^7 x\mathrm{d}x = 0$.

(2)令 $f(x) = \frac{x}{1+\cos x}$，

因为 $f(-x) = \frac{-x}{1+\cos(-x)} = -\frac{x}{1+\cos x} = -f(x)$，所以 $f(x)$ 为奇函数.

又因为 $\left[-\frac{\pi}{4}, \frac{\pi}{4}\right]$ 为对称区间，于是 $\int_{-\frac{\pi}{4}}^{\frac{\pi}{4}} \frac{x}{1+\cos x}\mathrm{d}x = 0$.

(3)令 $f(x) = x^2$，

因为 $f(-x) = (-x)^2 = x^2 = f(x)$，所以 $f(x)$ 为偶函数.

又因为 $[-1, 1]$ 为对称区间，所以 $\int_{-1}^{1} x^2\mathrm{d}x = 2\int_{0}^{1} x^2\mathrm{d}x$，

由例 1 可知，$\int_{0}^{1} x^2\mathrm{d}x = \frac{1}{3}$，于是 $\int_{-1}^{1} x^2\mathrm{d}x = 2\int_{0}^{1} x^2\mathrm{d}x = \frac{2}{3}$.

性质 5(定积分的保号性)　如果在 $[a, b]$ 上有 $f(x) \leqslant g(x)$，则
$$\int_{a}^{b} f(x)\mathrm{d}x \leqslant \int_{a}^{b} g(x)\mathrm{d}x.$$

推论　如果 $f(x)$ 在 $[a, b]$ 上可积，且 $f(x) \geqslant 0$ 时，则有
$$\int_{a}^{b} f(x)\mathrm{d}x \geqslant 0.$$

例 5　比较下列各组积分值的大小.

(1) $\int_0^1 x^2 dx$ 与 $\int_0^1 \sqrt{x} dx$；　　　　(2) $\int_0^1 2^x dx$ 与 $\int_0^1 \left(\frac{1}{2}\right)^x dx$.

解　(1) 因为在 $[0,1]$ 上 $x^2 \le \sqrt{x}$，所以 $\int_0^1 x^2 dx \le \int_0^1 \sqrt{x} dx$.

(2) 因为在 $[0,1]$ 上 $2^x \ge \left(\frac{1}{2}\right)^x$，所以 $\int_0^1 2^x dx \ge \int_0^1 \left(\frac{1}{2}\right)^x dx$.

性质 6（估值定理）　若函数 $f(x)$ 在区间 $[a, b]$ 上的最小值为 m，最大值为 M，则

$$m(b-a) \le \int_a^b f(x) dx \le M(b-a).$$

例 6　估计定积分 $\int_1^3 e^x dx$ 的值.

解　因 $f(x) = e^x$ 是指数函数，在 $(-\infty, +\infty)$ 内单调增加，所以 $f(x)$ 在 $[1, 3]$ 上的最小值为 e，最大值为 e^3，由性质 6 有

$$e(3-1) \le \int_1^3 e^x dx \le e^3(3-1),$$

即

$$2e \le \int_1^3 e^x dx \le 2e^3.$$

性质 7（积分中值定理）　设 $f(x)$ 在闭区间 $[a, b]$ 上连续，则至少存在一点 $\xi \in (a, b)$，使

$$\int_a^b f(x) dx = f(\xi)(b-a).$$

如图 6-1-9 所示，当 $f(x) \ge 0$ 时，性质 7 的几何意义就是在区间 $[a, b]$ 上至少存在一点 ξ，使得以 $f(\xi)$ 为高，区间 $[a, b]$ 的长为底的矩形的面积，等于以 $f(x)$ 为曲边以区间 $[a, b]$ 为底边的曲边梯形的面积.

从几何角度可以看出，数值 $\frac{1}{(b-a)} \int_a^b f(x) dx$ 表示连续曲线 $f(x)$ 在区间 $[a,b]$ 上的平均高度，我们称其为函数 $f(x)$ 在区间 $[a,b]$ 上的平均值. 这一概念是对有限个数的平均值概念的拓广.

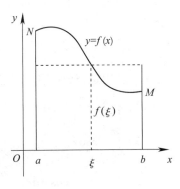

图 6-1-9

例 7　计算函数 $y = \sqrt{1-x^2}$ 在 $[0, 1]$ 上的平均值.

解　由于在 $[0, 1]$ 上以 $y = \sqrt{1-x^2}$ 为曲边的曲边梯形就是圆 $x^2 + y^2 = 1$ 在第一象限的部分，其面积为 $\frac{\pi}{4}$，所以，根据定积分的几何意义，$\int_0^1 \sqrt{1-x^2} dx = \frac{\pi}{4}$.

根据性质 7 得，$\bar{y} = \frac{1}{1-0} \int_0^1 \sqrt{1-x^2} dx = \int_0^1 \sqrt{1-x^2} dx = \frac{\pi}{4}$.

习题 6.1

1. 用定积分的定义计算 $\int_0^1 x dx$ 的值.

2. 用定积分表示下列各图阴影部分的面积(见图 6-1-10).

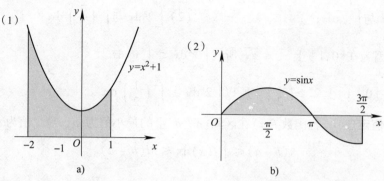

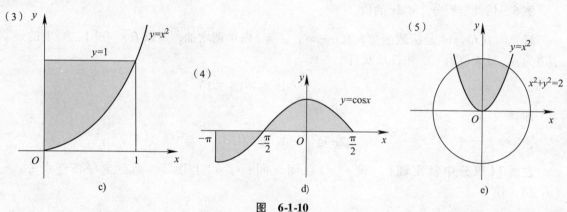

图 6-1-10

3. 用定积分表示下列曲线所围成的图形面积(作图).

(1) $y = x^2 + 1$, $x = 1$, $x = 3$, x 轴;

(2) $y = \sin x$, $y = \cos x$, $x = 0$, $x = \dfrac{\pi}{2}$.

4. 利用定积分的几何意义或性质计算下列定积分.

(1) $\displaystyle\int_{-1}^{1} 2\sqrt{1 - x^2}\,\mathrm{d}x$;

(2) $\displaystyle\int_{-\pi}^{\pi} \cos x\,\mathrm{d}x$;

(3) $\displaystyle\int_{0}^{\pi} \cos x\,\mathrm{d}x$;

(4) $\displaystyle\int_{2}^{2} (x^2 + 1)\,\mathrm{d}x$;

(5) $\displaystyle\int_{-\frac{\pi}{2}}^{\frac{\pi}{2}} \sin^5 x \cos^7 x\,\mathrm{d}x$;

(6) $\displaystyle\int_{-2}^{2} \dfrac{3x^3}{2x^4 + x^2 + 1}\,\mathrm{d}x$.

6.2 微积分基本公式

定积分是一种特殊的和式极限,用定义来直接计算有时是一件非常困难的事,因此我们必须寻求计算定积分新的、有效的方法. 本节我们介绍牛顿 – 莱布尼茨公式.

6.2.1 变上限的积分函数及其导数

设函数 $f(x)$ 在区间 $[a, b]$ 上连续,并且设 x 为 $[a, b]$ 上任一点,则 $f(x)$ 在区间 $[a, x]$ 上也连续,所以定积分

$$\int_a^x f(x)\,\mathrm{d}x$$

存在.

注意，这里积分上限是 x，积分的变量也是 x，但是意义不同. 由于定积分的值与积分变量无关，为了避免混淆，我们将积分变量改为 t，于是 $f(x)$ 在区间 $[a, x]$ 上的定积分改写为

$$\int_a^x f(t)\,\mathrm{d}t.$$

显然，当 x 在 $[a, b]$ 上变动时，对应每一个 x，定积分 $\int_a^x f(t)\,\mathrm{d}t$ 应有一个确定的值，因此定积分 $\int_a^x f(t)\,\mathrm{d}t$ 是上限 x 的一个函数，记作 $\Phi(x)$，即

$$\Phi(x) = \int_a^x f(t)\,\mathrm{d}t,$$

称 $\Phi(x)$ 为**积分上限函数**，也称为变上限的定积分.

积分上限函数的几何意义如图 6-2-1 中阴影部分所示，它具有如下性质：

定理1 设函数 $f(x)$ 在区间 $[a, b]$ 上连续，则积分上限函数

$$\Phi(x) = \int_a^x f(t)\,\mathrm{d}t$$

在区间 $[a, b]$ 上可导，且

$$\Phi'(x) = \frac{\mathrm{d}}{\mathrm{d}x}\int_a^x f(t)\,\mathrm{d}t = f(x).$$

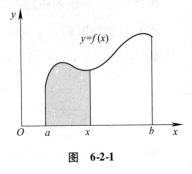

图 **6-2-1**

证明 若 $x \in (a, b)$，在 x 处给一增量 Δx，且 $x + \Delta x \in (a, b)$，根据积分对区间的可加性，

$$\begin{aligned}\Delta\Phi &= \Phi(x + \Delta x) - \Phi(x)\\ &= \int_a^{x+\Delta x} f(t)\,\mathrm{d}t - \int_a^x f(t)\,\mathrm{d}t = \int_x^{x+\Delta x} f(t)\,\mathrm{d}t.\end{aligned}$$

因为 $f(x)$ 在区间 $[a, b]$ 上连续，则 $f(x)$ 在 x 与 $x + \Delta x$ 之间也连续，由积分中值定理可知，存在介于 x 与 $x + \Delta x$ 之间的 ξ，使得

$$\Delta\Phi = \int_x^{x+\Delta x} f(t)\,\mathrm{d}t = f(\xi)\Delta x,$$

在上式两端同除以 Δx，得

$$\frac{\Delta\Phi}{\Delta x} = f(\xi),$$

由于 $f(x)$ 连续，所以当 $\Delta x \to 0$ 时，有 $\xi \to x$，因此

$$\Phi'(x) = \lim_{\Delta x \to 0}\frac{\Delta\Phi}{\Delta x} = \lim_{\xi \to x} f(\xi) = f(x).$$

若 $x = a$，取 $\Delta x > 0$，则同理可证 $\Phi'_+(a) = f(a)$；若 $x = b$，取 $\Delta x < 0$，则同理可证 $\Phi'_-(b) = f(b)$. 所以定理结论成立.

由定理1可知，积分上限函数 $\Phi(x)$ 是连续函数 $f(x)$ 的一个原函数，也就证明了 5.1 节定理1(原函数存在定理)，即连续函数一定有原函数. 另外，也初步揭示了积分学中的定积分与原函数的联系，所以，我们就有可能通过原函数来计算定积分.

利用复合函数的求导法则，可推出下列求导公式：

(1) $\dfrac{\mathrm{d}}{\mathrm{d}x}\displaystyle\int_x^b f(t)\,\mathrm{d}t = -\dfrac{\mathrm{d}}{\mathrm{d}x}\int_b^x f(t)\,\mathrm{d}t = -f(x)$；

(2) $\dfrac{\mathrm{d}}{\mathrm{d}x}\displaystyle\int_a^{\varphi(x)} f(t)\,\mathrm{d}t = f(\varphi(x))\varphi'(x)$；

将 x 的函数 $\displaystyle\int_a^{\varphi(x)} f(t)\,\mathrm{d}t$ 看成由函数 $y = \displaystyle\int_a^u f(t)\,\mathrm{d}t$ 和函数 $u = \varphi(x)$ 复合而成，由复合函数的导数法则即可得公式(2).

(3) $\dfrac{\mathrm{d}}{\mathrm{d}x}\displaystyle\int_{\psi(x)}^{\varphi(x)} f(t)\,\mathrm{d}t = f(\varphi(x))\varphi'(x) - f(\psi(x))\psi'(x)$.

事实上，由定积分的可加性有

$$\int_{\psi(x)}^{\varphi(x)} f(t)\,\mathrm{d}t = \int_{\psi(x)}^a f(t)\,\mathrm{d}t + \int_a^{\varphi(x)} f(t)\,\mathrm{d}t$$

$$= -\int_a^{\psi(x)} f(t)\,\mathrm{d}t + \int_a^{\varphi(x)} f(t)\,\mathrm{d}t,$$

由导数的运算法则和公式(2)即可得公式(3).

例1 已知 $\Phi(x) = \displaystyle\int_0^x \sin t^2\,\mathrm{d}t$，求 $\Phi'(x)$.

解 由定理1知，积分上限函数的导数等于被积函数在积分上限的函数值，故

$$\Phi'(x) = \frac{\mathrm{d}}{\mathrm{d}x}\int_0^x \sin t^2\,\mathrm{d}t = \sin x^2.$$

例2 计算 $\dfrac{\mathrm{d}}{\mathrm{d}x}\displaystyle\int_0^{x^2} \cos t^3\,\mathrm{d}t$.

解 由上面的公式(2)可得

$$\frac{\mathrm{d}}{\mathrm{d}x}\int_0^{x^2} \cos t^3\,\mathrm{d}t = \cos x^6 \cdot (x^2)' = 2x\cos x^6.$$

例3 计算 $\dfrac{\mathrm{d}}{\mathrm{d}x}\displaystyle\int_{x^2}^{x^3} \dfrac{1}{\sqrt{1+t^4}}\,\mathrm{d}t$.

解 由上面的公式(3)可得

$$\frac{\mathrm{d}}{\mathrm{d}x}\int_{x^2}^{x^3} \frac{1}{\sqrt{1+t^4}}\,\mathrm{d}t = \frac{1}{\sqrt{1+x^{12}}} \cdot (x^3)' - \frac{1}{\sqrt{1+x^8}} \cdot (x^2)'$$

$$= \frac{3x^2}{\sqrt{1+x^{12}}} - \frac{2x}{\sqrt{1+x^8}}.$$

例4 计算 $\displaystyle\lim_{x\to 0} \dfrac{\displaystyle\int_0^x (\mathrm{e}^t - \mathrm{e}^{-t})\,\mathrm{d}t}{1 - \cos x}$.

解 由洛必达法则，得

$$\lim_{x\to 0} \frac{\displaystyle\int_0^x (\mathrm{e}^t - \mathrm{e}^{-t})\,\mathrm{d}t}{1 - \cos x} \overset{\frac{0}{0}}{=} \lim_{x\to 0} \frac{\mathrm{e}^x - \mathrm{e}^{-x}}{\sin x} \overset{\frac{0}{0}}{=} \lim_{x\to 0} \frac{\mathrm{e}^x + \mathrm{e}^{-x}}{\cos x} = 2.$$

6.2.2 牛顿－莱布尼茨公式

现在我们根据定理1给出计算定积分的重要公式，牛顿－莱布尼茨公式.

定理 2　设函数 $f(x)$ 在区间 $[a, b]$ 上连续，且 $F(x)$ 是 $f(x)$ 在区间 $[a, b]$ 上的一个原函数，则有

$$\int_a^b f(x)\,\mathrm{d}x = F(b) - F(a) \triangleq F(x)\,\Big|_a^b,$$

称此公式为**牛顿 - 莱布尼茨公式**.

注："$\triangleq$" 表示"定义为"或"记为".

证明　已知函数 $F(x)$ 是函数 $f(x)$ 的原函数，而积分上限函数 $\varPhi(x) = \int_a^x f(t)\,\mathrm{d}t$ 也是函数 $f(x)$ 的一个原函数，所以 $F(x)$ 和 $\varPhi(x)$ 在区间 $[a, b]$ 上至多相差一个常数，即存在常数 C，使得

$$F(x) - \varPhi(x) = C,$$

在上式中令 $x = a$，得 $F(a) - \varPhi(a) = C$. 而 $\varPhi(a) = \int_a^a f(t)\,\mathrm{d}t = 0$，所以 $F(a) = C$.

故

$$\int_a^x f(t)\,\mathrm{d}t = F(x) - F(a),$$

令 $x = b$，并将积分变量 t 改记为 x，则有

$$\int_a^b f(x)\,\mathrm{d}x = F(b) - F(a).$$

牛顿 - 莱布尼茨公式揭示了定积分与原函数之间的内在联系，它表明了定积分等于其原函数在上、下限处的函数值的差. 因此，此公式又称为**微积分基本公式**.

有了微积分基本公式，要计算定积分，其基本方法是：先用不定积分的方法求出原函数，然后计算原函数在上、下限处的函数值，求其差便得到定积分的值.

下面举几个用牛顿 - 莱布尼茨公式计算定积分的简单例子.

例 5　计算 $\int_1^2 x^3\,\mathrm{d}x$.

解　由于 $\dfrac{x^4}{4}$ 是 x^3 的一个原函数，所以由牛顿 - 莱布尼茨公式有

$$\int_1^2 x^3\,\mathrm{d}x = \frac{x^4}{4}\,\Big|_1^2 = \frac{2^4}{4} - \frac{1^4}{4} = \frac{15}{4}.$$

例 6　计算 $\int_1^2 \left(x + \dfrac{1}{x}\right)^2 \mathrm{d}x$.

解　将函数的平方式展开成多项式，由定积分的性质及牛顿 - 莱布尼茨公式有

$$\int_1^2 \left(x + \frac{1}{x}\right)^2 \mathrm{d}x = \int_1^2 \left(x^2 + 2 + \frac{1}{x^2}\right)\mathrm{d}x$$

$$= \left(\frac{1}{3}x^3 + 2x - \frac{1}{x}\right)\Big|_1^2 = \frac{29}{6}.$$

例 7　计算 $\int_{-2}^2 |x|\,\mathrm{d}x$.

解　被积函数 $f(x) = |x|$ 在积分区间 $[-2, 2]$ 是分段函数，即

$$f(x) = \begin{cases} -x, & -2 \leqslant x \leqslant 0, \\ x, & 0 \leqslant x \leqslant 2, \end{cases}$$

所以有

$$\int_{-2}^{2} |x| \,dx = \int_{-2}^{0} (-x) \,dx + \int_{0}^{2} x \,dx$$

$$= \left(-\frac{1}{2}x^2\right)\Big|_{-2}^{0} + \left(\frac{1}{2}x^2\right)\Big|_{0}^{2} = 4.$$

例 8 计算正弦曲线 $y = \sin x$ 在 $[0, \pi]$ 上与 x 轴所围成的平面图形的面积，如图 6-2-2 所示.

解 按曲边梯形面积的计算方法，它的面积为

$$A = \int_{0}^{\pi} \sin x \,dx = (-\cos x)\Big|_{0}^{\pi} = -(-1) - (-1) = 2.$$

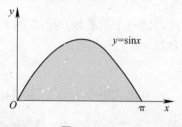

图 6-2-2

例 9 一个物体从某一高处由静止自由下落，经 ts 后它的速度为 $v = gt$，问经过 4s 后，这个物体下落的距离是多少？（设 $g = 10\text{m/s}^2$，下落时物体离地面足够高）

解 物体自由下落是变速直线运动，故物体经过 4s 后，下落的距离可用定积分计算

$$s(4) = \int_{0}^{4} v(t) \,dt = \int_{0}^{4} gt \,dt = \int_{0}^{4} 10t \,dt = 5t^2 \Big|_{0}^{4} = 80(\text{m}).$$

习题 6.2

1. 计算下列各题的导数.

$(1) F(x) = \int_{1}^{x} \sin t^4 \,dt$;

$(2) F(x) = \int_{x}^{3} \sqrt{1 + t^2} \,dt$;

$(3) F(x) = \int_{1}^{x^3} \ln t^2 \,dt$;

$(4) F(x) = \int_{x^2}^{x^3} e^{-t} \,dt$.

2. 计算下列各定积分.

$(1) \int_{1}^{2} x^2 \,dx$;

$(2) \int_{0}^{1} e^x \,dx$;

$(3) \int_{2}^{3} \left(x^2 + \frac{1}{x} + 4\right) dx$;

$(4) \int_{0}^{\frac{\pi}{2}} \cos x \,dx$;

$(5) \int_{0}^{2\pi} |\sin x| \,dx$;

$(6) \int_{4}^{9} \sqrt{x}(1 + \sqrt{x}) \,dx$;

$(7) \int_{0}^{2} f(x) \,dx$，且 $f(x) = \begin{cases} x + 1, & x \leq 1 \\ \dfrac{1}{2}x^2, & x > 1 \end{cases}$.

3. 求极限 $\lim\limits_{x \to 0} \dfrac{\int_{0}^{x} \cos^2 t \,dt}{x}$.

6.3 定积分的计算

上节我们介绍了牛顿－莱布尼茨公式，通过求函数的原函数便可得到定积分的结果. 而求函数的原函数就是求函数的不定积分，在第 5 章中我们介绍了求不定积分的两种基本方法：换元积分法和分部积分法. 利用牛顿－莱布尼茨公式，将其"移植"到定积分的计算中，便得

到了定积分的换元积分法和分部积分法. 下面我们分别予以介绍.

6.3.1 定积分的换元积分法

为介绍定积分的换元积分法，我们先看一个例子.

例 1 求 $\int_0^4 \dfrac{\mathrm{d}x}{1 + \sqrt{x}}$.

解法 1 先求它的不定积分，用不定积分的换元积分法，令 $\sqrt{x} = t$，则

$$t^2 = x, \quad \mathrm{d}x = 2t\mathrm{d}t,$$

于是

$$\int \frac{\mathrm{d}x}{1 + \sqrt{x}} = \int \frac{2t\mathrm{d}t}{1 + t} = 2\int \left(1 - \frac{1}{1 + t}\right)\mathrm{d}t$$
$$= 2(t - \ln|1 + t|) + C.$$

再将变量还原为 x，

$$\int \frac{\mathrm{d}x}{1 + \sqrt{x}} = 2(t - \ln|1 + t|) + C$$
$$= 2(\sqrt{x} - \ln|1 + \sqrt{x}|) + C.$$

最后由牛顿 – 莱布尼茨公式得

$$\int_0^4 \frac{\mathrm{d}x}{1 + \sqrt{x}} = 2(\sqrt{x} - \ln|1 + \sqrt{x}|)\ \bigg|_0^4 = 4 - 2\ln 3.$$

解法 2 设 $\sqrt{x} = t$，则

$$t^2 = x(t \geqslant 0), \quad \mathrm{d}x = 2t\mathrm{d}t,$$

当 $x = 0$ 时，$t = 0$；当 $x = 4$ 时，$t = 2$，于是

$$\int_0^4 \frac{\mathrm{d}x}{1 + \sqrt{x}} = \int_0^2 \frac{2t\mathrm{d}t}{1 + t} = 2\int_0^2 \left(1 - \frac{1}{1 + t}\right)\mathrm{d}t$$
$$= 2(t - \ln|1 + t|)\ |_0^2 = 4 - 2\ln 3.$$

比较上述两种方法，两者都使用了换元积分的方法，解法 2 显然比解法 1 简单，解法 2 以新积分限进行计算，省去了将变量还原的工作. 解法 2 就是我们要介绍的定积分的换元积分法.

定理 1 设函数 $f(x)$ 在区间 $[a, b]$ 上连续，函数 $x = \varphi(t)$ 满足下列条件：

（1） $\varphi(\alpha) = a$，$\varphi(\beta) = b$；

（2） 当 t 在区间 $[\alpha, \beta]$（或 $[\beta, \alpha]$）上变化时，$x = \varphi(t)$ 的值在 $[a, b]$ 上变化；

（3） $x = \varphi(t)$ 的导函数连续，

则有

$$\int_a^b f(x)\mathrm{d}x = \int_\alpha^\beta f(\varphi(t))\varphi'(t)\mathrm{d}t.$$

上式称为**定积分的换元积分公式**.

使用定积分的换元法应注意的问题：

（1） 在使用上面公式时，"换元必换限"，即积分变量改变，积分的上下限也要换成相应的新积分变量的上下限.

（2）定积分的换元积分公式可以从左到右使用，也可以从右到左使用，前者是变量代换，后者是凑微分法.

下面举例说明定积分的换元积分法.

例 2   求定积分 $\int_0^1 x^2\sqrt{1-x^2}\,\mathrm{d}x$.

解   令 $x=\sin t$，则

$$\mathrm{d}x=\cos t\,\mathrm{d}t，\quad \sqrt{1-x^2}=\sqrt{1-\sin^2 t}=\cos t，$$

当 $x=0$ 时，$t=0$；$x=1$ 时，$t=\dfrac{\pi}{2}$，所以

$$\int_0^1 x^2\sqrt{1-x^2}\,\mathrm{d}x = \int_0^{\frac{\pi}{2}}\sin^2 t\cdot\cos t\cdot\cos t\,\mathrm{d}t$$

$$= \int_0^{\frac{\pi}{2}}\sin^2 t\cos^2 t\,\mathrm{d}t = \frac{1}{4}\int_0^{\frac{\pi}{2}}\sin^2 2t\,\mathrm{d}t.$$

$$= \frac{1}{4}\int_0^{\frac{\pi}{2}}\frac{1-\cos 4t}{2}\,\mathrm{d}t = \frac{1}{8}\int_0^{\frac{\pi}{2}}(1-\cos 4t)\,\mathrm{d}t$$

$$= \frac{1}{8}\left(t-\frac{\sin 4t}{4}\right)\Bigg|_0^{\frac{\pi}{2}} = \frac{\pi}{16}.$$

例 3 $\int_0^{\frac{\pi}{2}}\cos^5 x\sin x\,\mathrm{d}x.$

解   令 $t=\cos x$，则

$$\mathrm{d}t=-\sin x\,\mathrm{d}x，$$

当 $x=0$ 时，$t=1$；$x=\dfrac{\pi}{2}$ 时，$t=0$，所以

$$\int_0^{\frac{\pi}{2}}\cos^5 x\sin x\,\mathrm{d}x = -\int_1^0 t^5\,\mathrm{d}t = \frac{1}{6}t^6\Big|_0^1 = \frac{1}{6}.$$

此题也可用凑微分法来求解，使用这种方法不用写出新变量，积分时也就不用更换定积分的上下限.

$$\int_0^{\frac{\pi}{2}}\cos^5 x\sin x\,\mathrm{d}x = -\int_0^{\frac{\pi}{2}}\cos^5 x\,\mathrm{d}(\cos x)$$

$$= -\frac{\cos^6 x}{6}\Bigg|_0^{\frac{\pi}{2}} = \frac{1}{6}.$$

例 4 $\int_0^{\frac{\pi}{2}}\sqrt{\cos x-\cos^3 x}\,\mathrm{d}x.$

解   此题用凑微分法来求解. 由于 $\sin x$ 在 $\left[0,\dfrac{\pi}{2}\right]$ 上大于零，则有

$$\int_0^{\frac{\pi}{2}}\sqrt{\cos x-\cos^3 x}\,\mathrm{d}x = \int_0^{\frac{\pi}{2}}\sqrt{\cos x(1-\cos^2 x)}\,\mathrm{d}x$$

$$= \int_0^{\frac{\pi}{2}}\sqrt{\cos x\,\sin^2 x}\,\mathrm{d}x$$

$$= \int_0^{\frac{\pi}{2}}\sqrt{\cos x}\sin x\,\mathrm{d}x$$

$$= -\int_0^{\frac{\pi}{2}} \sqrt{\cos x}\,\mathrm{d}(\cos x)$$

$$= -\frac{2}{3}(\cos x)^{\frac{3}{2}}\bigg|\begin{matrix}\frac{\pi}{2}\\0\end{matrix} = \frac{2}{3}.$$

6.3.2 定积分的分部积分法

由不定积分的分部积分法，我们有

定理2 设 $u(x)$，$v(x)$ 在区间 $[a, b]$ 上有连续导数，则有

$$\int_a^b u(x)v'(x)\,\mathrm{d}x = [u(x)\cdot v(x)]\bigg|\begin{matrix}b\\a\end{matrix} - \int_a^b v(x)u'(x)\,\mathrm{d}x.$$

上式称为定积分的**分部积分公式**.

通常将分部积分公式简记为

$$\int_a^b uv'\mathrm{d}x = uv\bigg|\begin{matrix}b\\a\end{matrix} - \int_a^b vu'\mathrm{d}x,$$

或

$$\int_a^b u\mathrm{d}v = uv\bigg|\begin{matrix}b\\a\end{matrix} - \int_a^b v\mathrm{d}u.$$

注：一般的，如果不考虑定积分的上、下限，即将其看作不定积分时，需要使用分部积分法，则该定积分也需使用分部积分法.

例5 计算 $\int_0^{\frac{\pi}{2}} x\cos x\,\mathrm{d}x$.

解 令 $u = x$，$\mathrm{d}v = \cos x\mathrm{d}x = \mathrm{d}(\sin x)$，则 $v = \sin x$，于是有

$$\int_0^{\frac{\pi}{2}} x\cos x\,\mathrm{d}x = uv\bigg|\begin{matrix}\frac{\pi}{2}\\0\end{matrix} - \int_0^{\frac{\pi}{2}} v\mathrm{d}u = x\sin x\bigg|\begin{matrix}\frac{\pi}{2}\\0\end{matrix} - \int_0^{\frac{\pi}{2}}\sin x\mathrm{d}x$$

$$= \frac{\pi}{2} + \cos x\bigg|\begin{matrix}\frac{\pi}{2}\\0\end{matrix} = \frac{\pi}{2} - 1.$$

例6 计算 $\int_1^e x\ln x\,\mathrm{d}x$.

解 令 $u = \ln x$，$\mathrm{d}v = x\mathrm{d}x = \mathrm{d}\left(\frac{1}{2}x^2\right)$，则 $v = \frac{1}{2}x^2$. 于是

$$\int_1^e x\ln x\,\mathrm{d}x = uv\bigg|\begin{matrix}e\\1\end{matrix} - \int_1^e v\mathrm{d}u = \frac{1}{2}x^2\cdot\ln x\bigg|\begin{matrix}e\\1\end{matrix} - \int_1^e \frac{1}{2}x^2\mathrm{d}(\ln x)$$

$$= \frac{1}{2}e^2 - \frac{1}{2}\int_1^e x\mathrm{d}x = \frac{1}{2}e^2 - \frac{1}{4}x^2\bigg|\begin{matrix}e\\1\end{matrix} = \frac{1}{4}(e^2 + 1).$$

例7 计算 $\int_0^{\frac{1}{2}} \arcsin x\,\mathrm{d}x$.

解 令 $u = \arcsin x$，则 $\mathrm{d}v = \mathrm{d}x$，$v = x$，所以

$$\int_0^{\frac{1}{2}} \arcsin x\,\mathrm{d}x = x\arcsin x\bigg|\begin{matrix}\frac{1}{2}\\0\end{matrix} - \int_0^{\frac{1}{2}} x\mathrm{d}(\arcsin x) = \frac{1}{2}\cdot\frac{\pi}{6} - \int_0^{\frac{1}{2}} \frac{x}{\sqrt{1-x^2}}\mathrm{d}x$$

$$= \frac{\pi}{12} + \frac{1}{2} \int_0^{\frac{1}{2}} \frac{1}{\sqrt{1-x^2}} d(1-x^2) = \frac{\pi}{12} + \sqrt{1-x^2} \Big|_0^{\frac{1}{2}} = \frac{\pi}{12} + \frac{\sqrt{3}}{2} - 1.$$

例8 计算 $\int_0^1 e^{\sqrt{x}} dx$.

解 解此题先用换元法,后用分部积分法. 令 $\sqrt{x} = t$,则

$$x = t^2, \quad dx = 2tdt,$$

当 $x = 0$ 时, $t = 0$; $x = 1$ 时, $t = 1$,于是

$$\int_0^1 e^{\sqrt{x}} dx = 2 \int_0^1 te^t dt = 2 \int_0^1 td(e^t)$$

$$= 2(te^t) \Big|_0^1 - 2 \int_0^1 e^t dt$$

$$= 2[e - (e - 1)] = 2.$$

习题 6.3

1. 用换元积分法计算下列定积分.

(1) $\int_0^{\frac{\pi}{2}} \sin x \cos^3 x dx$;

(2) $\int_0^{\sqrt{2}} xe^{\frac{x^2}{2}} dx$;

(3) $\int_0^{\pi} (1 - \sin^3 x) dx$;

(4) $\int_1^e \frac{1}{x\sqrt{1+\ln x}} dx$;

(5) $\int_{-\frac{\pi}{2}}^{\frac{\pi}{2}} \sqrt{\cos x - \cos^3 x} dx$;

(6) $\int_0^1 \frac{dx}{2 + \sqrt[3]{x}}$;

(7) $\int_0^2 \sqrt{4 - x^2} dx$;

(8) $\int_3^8 \frac{x-1}{\sqrt{1+x}} dx$.

2. 用分部积分法计算下列定积分.

(1) $\int_1^{\sqrt{e}} \ln x dx$;

(2) $\int_0^{\frac{\pi}{2}} x\sin x dx$;

(3) $\int_0^1 x\arctan x dx$;

(4) $\int_0^1 xe^{-x} dx$;

(5) $\int_0^{\pi} x^2 \cos x dx$;

(6) $\int_1^e x^2 \ln x dx$.

6.4 广义积分

在定积分的定义中,积分区间是有限的,且要求被积函数是有界函数. 但是,在实际问题中,我们会遇到积分区间是无穷区间的情况,也会遇到被积函数是无界函数的情况(有无穷间断点). 因此,需要把定积分的概念予以推广,由此得到广义积分.

6.4.1 无穷区间的广义积分

先看下面的例子:

求曲线 $y = \dfrac{1}{x^2}$ 与直线 $y = 0$，$x = 1$ 所围成的向右无限伸展

的"开口曲边梯形"的面积，如图 6-4-1 所示.

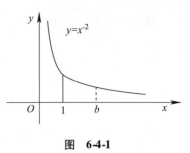

由于图形是"开口"的，积分区间为 $[1, +\infty)$，所以不能直接用定积分计算其面积. 如果任取 $b > 1$，则在区间 $[1, b]$ 上，曲边梯形的面积为

$$\int_1^b \frac{1}{x^2}\mathrm{d}x = -\frac{1}{x}\Big|_1^b = 1 - \frac{1}{b}.$$

图 6-4-1

显然，b 越大，这个曲边梯形的面积就越接近所要求的"开口曲边梯形"的面积. 因此，当 $b \to +\infty$ 时，极限

$$\lim_{b \to +\infty} \int_1^b \frac{1}{x^2}\mathrm{d}x = \lim_{b \to +\infty}\left(1 - \frac{1}{b}\right) = 1$$

就表示了所求的"开口曲边梯形"的面积.

一般的，对于积分区间是无限的情形，可以定义如下：

定义 1　设函数 $f(x)$ 在区间 $[a, +\infty)$ 上连续，取 $b > a$，如果极限

$$\lim_{b \to +\infty} \int_a^b f(x)\mathrm{d}x$$

存在，则称此极限值为函数 $f(x)$ 在无穷区间 $[a, +\infty)$ 上的**无穷积分**，记作 $\int_a^{+\infty} f(x)\mathrm{d}x$，即

$$\int_a^{+\infty} f(x)\mathrm{d}x = \lim_{b \to +\infty} \int_a^b f(x)\mathrm{d}x. \tag{6-1}$$

这时也称无穷积分 $\int_a^{+\infty} f(x)\mathrm{d}x$ 收敛，如果式 (6-1) 中的极限不存在，则称无穷积分 $\int_a^{+\infty} f(x)\mathrm{d}x$ 发散.

类似的，可定义函数 $f(x)$ 在区间 $[-\infty, b)$ 和 $(-\infty, +\infty)$ 上的反常积分：

$$\int_{-\infty}^b f(x)\mathrm{d}x = \lim_{a \to -\infty} \int_a^b f(x)\mathrm{d}x (a < b);$$

$$\int_{-\infty}^{+\infty} f(x)\mathrm{d}x = \int_{-\infty}^c f(x)\mathrm{d}x + \int_c^{+\infty} f(x)\mathrm{d}x$$

$$= \lim_{a \to -\infty} \int_a^c f(x)\mathrm{d}x + \lim_{b \to +\infty} \int_c^b f(x)\mathrm{d}x.$$

计算反常积分的基本思想是先计算定积分，再取极限. 若 $F(x)$ 是 $f(x)$ 的一个原函数，通常记

$$F(+\infty) = \lim_{x \to +\infty} F(x), \ F(-\infty) = \lim_{x \to -\infty} F(x).$$

则上述的无穷积分可记为：

$$\int_a^{+\infty} f(x)\mathrm{d}x = F(x)\Big|_a^{+\infty} = F(+\infty) - F(a);$$

$$\int_{-\infty}^b f(x)\mathrm{d}x = F(x)\Big|_{-\infty}^b = F(b) - F(-\infty);$$

$$\int_{-\infty}^{+\infty} f(x)\mathrm{d}x = F(x)\Big|_{-\infty}^{+\infty} = F(+\infty) - F(-\infty).$$

例 1 计算 $\int_0^{+\infty} \dfrac{1}{1+x^2}dx$.

解 $\int_{-\infty}^{+\infty} \dfrac{1}{1+x^2}dx = \arctan x \Big|_{-\infty}^{+\infty} = \dfrac{\pi}{2} - \left(-\dfrac{\pi}{2} \right) = \pi$.

例 2 讨论反常积分 $\int_0^{+\infty} e^{-x}dx$ 的敛散性.

解 因为 $\int_0^{+\infty} e^{-x}dx = -e^{-x} \Big|_0^{+\infty} = 1$，所以反常积分 $\int_0^{+\infty} e^{-x}dx$ 收敛于 1.

例 3 讨论反常积分 $\int_0^{+\infty} \sin x dx$ 的敛散性.

解 $\int_0^{+\infty} \sin x dx = -\cos x \Big|_0^{+\infty}$，由于当 $x \to +\infty$ 时，$\cos x$ 极限不存在，所以反常积分是发散的.

例 4 证明：反常积分 $\int_1^{+\infty} \dfrac{1}{x^p}dx$，当 $p > 1$ 时收敛，当 $p \le 1$ 时发散.

证明 当 $p = 1$ 时，$\int_1^{+\infty} \dfrac{1}{x^p}dx = \int_1^{+\infty} \dfrac{1}{x}dx = \ln x \Big|_1^{+\infty} = +\infty$，所以，当 $p = 1$ 时发散.

当 $p \ne 1$ 时，$\int_1^{+\infty} \dfrac{1}{x^p}dx = \dfrac{x^{1-p}}{1-p} \Big|_1^{+\infty} = \begin{cases} +\infty, & p < 1, \\ \dfrac{1}{p-1}, & p > 1. \end{cases}$

因此，当 $p > 1$ 时反常积分收敛，当 $p \le 1$ 反常积分发散.

6.4.2 无界函数的广义积分(瑕积分)

先看下面的例子：

求曲线 $y = \dfrac{1}{\sqrt{x}}$ 与直线 $x = 0$，$x = 1$，$y = 0$ 所围成的"开口曲边梯形"的面积 A，如图 6-4-2 所示.

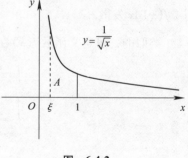

由于 $x \to 0^+$ 时，$\dfrac{1}{\sqrt{x}} \to +\infty$，所以函数 $y = \dfrac{1}{\sqrt{x}}$ 在区间 $(0, 1]$ 内无界. 为了计算这个"开口曲边梯形"的面积，我们任取整数 $\varepsilon (0 < \varepsilon < 1)$，先计算由曲线 $y = \dfrac{1}{\sqrt{x}}$ 在区间 $[\varepsilon, 1]$ 上的曲边梯形的面积

图 6-4-2

$$\int_\varepsilon^1 \dfrac{1}{\sqrt{x}}dx = 2\sqrt{x} \Big|_\varepsilon^1 = 2(1 - \sqrt{\varepsilon}),$$

显然，ε 越小，这个曲边梯形的面积就越接近所要求的"开口曲边梯形"的面积. 因此，当 $\varepsilon \to 0$ 时，极限

$$\lim_{\varepsilon \to 0} \int_\varepsilon^1 \dfrac{1}{\sqrt{x}}dx = \lim_{\varepsilon \to 0} 2(1 - \sqrt{\varepsilon}) = 2$$

就表示了所求的"开口曲边梯形"的面积.

一般的，对于无界函数的积分，可以定义如下：

定义 2 设函数 $f(x)$ 在区间 $(a, b]$ 上连续，且 $\lim\limits_{x \to a^+} f(x) = \infty$，取 $\varepsilon > 0$，称极限

$$\lim_{\varepsilon \to 0^+} \int_{a+\varepsilon}^{b} f(x)\,\mathrm{d}x$$

为函数 $f(x)$ 在 $(a, b]$ 上的**广义积分**，记作 $\int_a^b f(x)\,\mathrm{d}x$，即

$$\int_a^b f(x)\,\mathrm{d}x = \lim_{\varepsilon \to 0^+} \int_{a+\varepsilon}^{b} f(x)\,\mathrm{d}x.$$

若此极限存在，则称广义积分 $\int_a^b f(x)\,\mathrm{d}x$ 收敛；否则，称广义积分 $\int_a^b f(x)\,\mathrm{d}x$ 发散.（无界函数的广义积分也称为**瑕积分**，点 a 称为 $f(x)$ 的**瑕点**.）

类似的，设函数 $f(x)$ 在区间 $[a, b)$ 上连续，且 $\lim\limits_{x \to b^-} f(x) = \infty$，取 $\varepsilon > 0$，称极限

$$\lim_{\varepsilon \to 0^+} \int_{a}^{b-\varepsilon} f(x)\,\mathrm{d}x$$

为函数 $f(x)$ 在 $[a, b)$ 上的广义积分（b 称为瑕点），记作 $\int_a^b f(x)\,\mathrm{d}x$，即

$$\int_a^b f(x)\,\mathrm{d}x = \lim_{\varepsilon \to 0^+} \int_{a}^{b-\varepsilon} f(x)\,\mathrm{d}x.$$

若此极限存在，则称广义积分 $\int_a^b f(x)\,\mathrm{d}x$ 收敛；否则，称广义积分 $\int_a^b f(x)\,\mathrm{d}x$ 发散.

设函数 $f(x)$ 在区间 $[a, b]$ 上除点 $c(a < c < b)$ 外连续，且 $\lim\limits_{x \to c} f(x) = \infty$，称广义积分 $\int_a^c f(x)\,\mathrm{d}x$ 与 $\int_c^b f(x)\,\mathrm{d}x$ 的和

$$\int_a^c f(x)\,\mathrm{d}x + \int_c^b f(x)\,\mathrm{d}x$$

为函数 $f(x)$ 在区间 $[a, b]$ 上的广义积分（c 称为瑕点），记作 $\int_a^b f(x)\,\mathrm{d}x$，即

$$\int_a^b f(x)\,\mathrm{d}x = \int_a^c f(x)\,\mathrm{d}x + \int_c^b f(x)\,\mathrm{d}x.$$

当广义积分 $\int_a^c f(x)\,\mathrm{d}x$ 与 $\int_c^b f(x)\,\mathrm{d}x$ 都收敛时，称广义积分 $\int_a^b f(x)\,\mathrm{d}x$ 收敛；否则，称广义积分 $\int_a^b f(x)\,\mathrm{d}x$ 发散.

例 5 计算广义积分 $\int_0^a \dfrac{1}{\sqrt{a^2 - x^2}}\,\mathrm{d}x$.

解 因为 $\lim\limits_{x \to a^-} \dfrac{1}{\sqrt{a^2 - x^2}} = +\infty$，所以点 a 为被积函数的瑕点.

$$\int_0^a \frac{1}{\sqrt{a^2 - x^2}}\,\mathrm{d}x = \arcsin\frac{x}{a}\Big|_0^a = \lim_{x \to a^-} \arcsin\frac{x}{a} - 0 = \frac{\pi}{2}.$$

例 6 讨论广义积分 $\int_{-1}^1 \dfrac{\mathrm{d}x}{x^2}$ 的敛散性.

解 被积函数 $f(x) = \dfrac{1}{x^2}$ 在 $[-1, 1]$ 上除 $x = 0$ 外连续，且 $\lim\limits_{x \to 0} \dfrac{1}{x^2} = \infty$，即 $x = 0$ 是无穷间断点.

由于 $\int_0^1 \dfrac{\mathrm{d}x}{x^2} = \left[-\dfrac{1}{x} \right]_{0^+}^1 = \lim_{x \to 0^+} \dfrac{1}{x} - 1 = +\infty$，即 $\int_0^1 \dfrac{\mathrm{d}x}{x^2}$ 发散，所以 $\int_{-1}^1 \dfrac{\mathrm{d}x}{x^2}$ 发散。

注意： 由于瑕积分与定积分在形式上没有区别，所以计算积分 $\int_a^b f(x)\,\mathrm{d}x$ 时要特别小心，一定要先检查一下 $f(x)$ 在 $[a,b]$ 上有无瑕点。有瑕点时，要按瑕积分来对待，不然就可能出错。如上例如果忽略了 $x=0$ 是被积函数的无穷间断点，就会得到以下错误的结果：

$$\int_{-1}^1 \frac{\mathrm{d}x}{x^2} = \left[-\frac{1}{x} \right]_{-1}^1 = \frac{1}{-1} - 1 = -2.$$

例 7 讨论广义积分 $\int_0^1 \dfrac{\mathrm{d}x}{x^q}(q$ 为常数$)$ 的敛散性。

解 $x=0$ 是无穷间断点，且

(1) 当 $q \neq 1$ 时，$\int_0^1 \dfrac{\mathrm{d}x}{x^q} = \dfrac{1}{1-q}\left[x^{1-q} \right]_{0^+}^1 = \dfrac{1}{1-q}\left(1 - \lim_{x \to 0^+} x^{1-q} \right) = \begin{cases} \dfrac{1}{1-q}, & q < 1 \\ +\infty, & q > 1 \end{cases}$；

(2) 当 $q = 1$ 时，$\int_0^1 \dfrac{\mathrm{d}x}{x^q} = \int_0^1 \dfrac{\mathrm{d}x}{x} = \left[\ln|x| \right]_{0^+}^1 = \ln 1 - \lim_{x \to 0^+} \ln x = +\infty$。

由此可知，广义积分 $\int_0^1 \dfrac{\mathrm{d}x}{x^q}$，当 $q < 1$ 时收敛；当 $q \geqslant 1$ 时发散。

习题 6.4

1. 讨论下列广义积分的敛散性，若收敛，求出其值。

(1) $\int_1^{+\infty} \dfrac{\mathrm{d}x}{x^4}$；

(2) $\int_1^{+\infty} \dfrac{\mathrm{d}x}{\sqrt{x}}$；

(3) $\int_{-\infty}^0 \mathrm{e}^{2x}\,\mathrm{d}x$；

(4) $\int_0^{+\infty} \sin x\,\mathrm{d}x$；

(5) $\int_{-\infty}^0 \dfrac{x}{x^2+1}\,\mathrm{d}x$；

(6) $\int_0^{+\infty} \dfrac{\mathrm{d}x}{1+x^2}$。

2. 讨论下列广义积分的敛散性，若收敛，求出其值。

(1) $\int_0^1 \dfrac{x\,\mathrm{d}x}{\sqrt{1-x^2}}$；

(2) $\int_1^{\mathrm{e}} \dfrac{\mathrm{d}x}{x\sqrt{1-(\ln x)^2}}$；

(3) $\int_{\frac{\pi}{4}}^{\frac{\pi}{2}} \dfrac{\mathrm{d}x}{\cos^2 x}$；

(4) $\int_1^2 \dfrac{x\,\mathrm{d}x}{\sqrt{x-1}}$。

6.5 定积分的应用

定积分是求某种总量的数学模型，它在几何学、物理学、经济学、社会学等方面都有着广泛的应用，显示了它的巨大魅力。我们在学习过程中，不仅要掌握计算某些实际问题的公式，更重要的还在于深刻领会用定积分解决实际问题的基本方法——微元法。

6.5.1 定积分的微元法

为讨论定积分的应用，先介绍利用定积分解决实际问题的微元法。

在定积分定义中，先把整体量进行分割，然后在局部范围内"以不变代变"，求出整体量在局部范围内的近似值，再把所有这些近似值加起来，得到整体量的近似值，最后当分割无限加密时取极限得定积分（即整体量）. 在这四个步骤中，关键的是第二步局部量取近似值. 事实上，许多几何量与物理量都可以用这种方法计算. 为了应用方便，下面把计算在区间 $[a, b]$ 上的某个量 Q 的定积分的方法简化成两步：

（1）求微分，量 Q 在任一具有代表性的小区间 $[x, x + \mathrm{d}x]$ 上的改变量 ΔQ 的近似值 $\mathrm{d}Q$，称为 Q 的微元，$\mathrm{d}Q = f(x)\mathrm{d}x$；

（2）求积分，量 Q 就是 $\mathrm{d}Q$ 在区间 $[a, b]$ 上的定积分，$Q = \int_a^b f(x)\mathrm{d}x$.

这种方法称为定积分的微元法（或元素法），下面利用微元法讨论定积分在几何、物理中的一些应用.

6.5.2　定积分的几何应用

1. 平面图形的面积

在直角坐标系下用微元法不难将下列图形面积表示成定积分：

（1）由上下两条曲线 $y = f(x)$，$y = g(x)$ $(f(x) \geqslant g(x))$ 及 $x = a$，$x = b$，所围成的图形的面积微元为 $\mathrm{d}A = [f(x) - g(x)]\mathrm{d}x$，面积为 $A = \int_a^b [f(x) - g(x)]\mathrm{d}x$，如图 6-5-1 所示.

（2）由左右两条曲线 $x = \varphi(y)$，$x = \psi(y)$ $(\varphi(y) \geqslant \psi(y))$ 及 $y = c$，$y = d$ 所围成的图形的面积微元为 $\mathrm{d}A = [\varphi(y) - \psi(y)]\mathrm{d}y$，面积为 $A = \int_c^d [\varphi(y) - \psi(y)]\mathrm{d}y$，如图 6-5-2 所示.

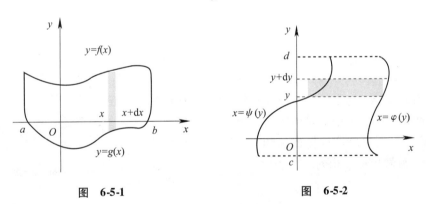

图　6-5-1　　　　　　　　图　6-5-2

例 1　求两条抛物线 $y^2 = x$，$y = x^2$ 所围成的图形的面积.

解　画出图形如图 6-5-3 所示，求曲线交点以确定积分区间.

解方程组 $\begin{cases} y = x^2 \\ y^2 = x \end{cases}$，得交点 $(0, 0)$，$(1, 1)$. 取 x 为积分变量，积分区间为 $[0, 1]$. 于是

$$\mathrm{d}A = (\sqrt{x} - x^2)\mathrm{d}x.$$

所求图形面积 A 为

$$A = \int_0^1 (\sqrt{x} - x^2)\mathrm{d}x = \left[\frac{2}{3}x^{\frac{3}{2}} - \frac{1}{3}x^3\right]_0^1 = \frac{1}{3}.$$

例 2　求抛物线 $y^2 = 2x$ 及直线 $y = x - 4$ 所围成的图形的面积.

解 如图 6-5-4 所示，取 y 为积分变量，解方程组 $\begin{cases} y = x - 4, \\ y^2 = 2x, \end{cases}$ 得交点坐标 $A(2, -2)$，B $(8, 4)$，即积分区间为 $[-2, 4]$. 于是

$$dA = \left[(y + 4) - \frac{1}{2}y^2 \right]dy.$$

所以

$$A = \int_{-2}^{4} \left[(y + 4) - \frac{1}{2}y^2 \right]dy = \left[\frac{1}{2}y^2 + 4y - \frac{1}{6}y^3 \right]_{-2}^{4} = 18.$$

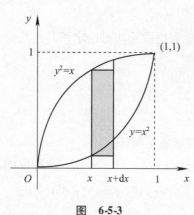

图　6-5-3 　　　　　　　　　图　6-5-4

2. 旋转体的体积

一平面图形绕该平面内一条定直线旋转一周而形成的立体图形，称为旋转体，这条定直线称为旋转轴.

（1）绕 x 轴旋转而成的旋转体的体积。由连续曲线 $y = f$ (x)，$x = a$，$x = b$ 及 x 轴所围成的曲边梯形绕 x 轴旋转一周（见图 6-5-5）而成的旋转体的体积的计算方法.

取 x 为积分变量，其变化区间为 $[a, b]$. 任取小区间 $[x, x + dx]$ 的窄曲边梯形绕 x 轴旋转而成的薄片的体积近似于以 f (x) 为底半径、dx 为高的圆柱体的体积，即体积微元为 $dV = \pi [f(x)]^2 dx$，旋转体的体积为

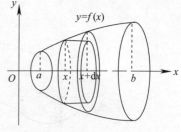

图　6-5-5

$$V = \pi \int_a^b [f(x)]^2 dx.$$

（2）绕 y 轴旋转而成的旋转体的体积。由连续曲线 $x = \varphi(y)$，直线 $y = c$，$y = d$ 及 y 轴所围成的曲边梯形绕 y 轴旋转一周（见图 6-5-6）而成的旋转体的体积的计算方法.

取 y 为积分变量，其变化区间为 $[c, d]$. 任取小区间 $[y, y + dy]$ 的窄曲边梯形绕 y 轴旋转而成的薄片的体积近似于以 $\varphi(y)$ 为底半径、dy 为高的圆柱体的体积，即体积微元为 $dV = \pi [\varphi(y)]^2 dy$，旋转体的体积为

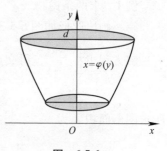

图　6-5-6

$$V = \pi \int_c^d [\varphi(y)]^2 dy.$$

例3　求由 $y = x^2$，$x = 2$ 及 x 轴所围成的图形绕 x 轴、y 轴旋转一周而成的旋转体的体积，如图 6-5-7 所示.

解　(1)绕 x 轴旋转而成的旋转体的体积：

取 x 为积分变量，积分区间为 $[0, 2]$，体积微元为 $dV = \pi (x^2)^2 dx$，所以体积

$$V = \int_0^2 \pi (x^2)^2 dx = \pi \int_0^2 x^4 dx = \frac{32\pi}{5}.$$

(2)绕 y 轴旋转而成的旋转体的体积：

取 y 为积分变量，积分区间为 $[0, 4]$，体积微元为 $dV = \pi [2^2 - (\sqrt{y})^2] dy$，所以体积

$$V = \int_0^4 \pi [2^2 - (\sqrt{y})^2] dy = \pi \int_0^4 (4 - y) dy = \pi \left(4y - \frac{1}{2} y^2 \right) \Big|_0^4 = 8\pi.$$

例4　求高为 h、底半径为 r 的圆锥体的体积.

解　建立直角坐标系(见图 6-5-8). 直线方程为 $y = \dfrac{r}{h} x$.

体积微元为 $dV = \pi \left(\dfrac{r}{h} \right)^2 dx$，所以

$$V = \int_0^h \pi \left(\frac{r}{h} x \right)^2 dx = \pi \frac{r^2}{h^2} \int_0^h x^2 dx = \frac{\pi r^2}{3h^2} x^3 \Big|_0^h = \frac{1}{3} \pi r^2 h.$$

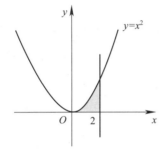

图　6-5-7　　　　　　　　图　6-5-8

(3)平行截面面积为已知的立体体积。如果一个立体图形不是旋转体，但知道该立体图形垂直于一定轴的各个截面的面积，则这个立体图形的体积也可用微元法求解.

设一立体图形界于垂直于 x 轴的两平面 $x = a$ 和 $x = b$ 之间，该立体图形被垂直于 x 轴的平面截得的截面面积能表示为 x 的连续函数 $A(x)$. 取 x 为积分变量，显然 $x \in [a, b]$，体积微元可表示为 $dV = A(x) dx$，如图 6-5-9 所示，所以该立体图形的体积为

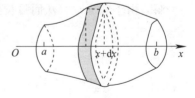

图　6-5-9

$$V = \int_a^b dV = \int_a^b A(x) dx.$$

例5　一平面经过半径为 R 的正圆柱体的底圆中心，并与底面交角为 α，计算这平面截圆柱体所得立体图形的体积，如图 6-5-10 所示.

解　取这平面与正圆柱体底面的交线为 x 轴，底面上过圆心且垂直于 x 轴的直线为 y 轴，于是底圆的方程为 $x^2 + y^2 = R^2$. 取 x 为积分变量，$x \in [-R, R]$，立体中过点 x 且垂直于 x 轴的截面是一个直角三角形，它的两条直角边的长分别 $y = \sqrt{R^2 - x^2}$ 和 $y\tan\alpha = \sqrt{R^2 - x^2} \cdot$

$\tan\alpha$，因而截面面积为

$$A(x) = \frac{1}{2}\sqrt{R^2 - x^2} \cdot \sqrt{R^2 - x^2}\tan\alpha$$

$$= \frac{1}{2}(R^2 - x^2)\tan\alpha,$$

于是体积微元为

$$dV = \frac{1}{2}(R^2 - x^2)\tan\alpha dx.$$

所以立体体积为

$$V = \int_{-R}^{R} \frac{1}{2}(R^2 - x^2)\tan\alpha dx$$

$$= \frac{1}{2}\tan\alpha \left[R_x^2 - \frac{1}{3}x^3 \right]_{-R}^{R}$$

$$= \frac{2}{3}R^3\tan\alpha.$$

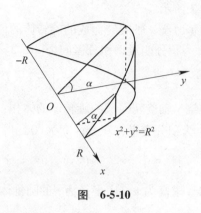

图 6-5-10

3. 平面曲线的弧长

在直角坐标系下，设曲线方程为

$$y = f(x)，其中 x \in [a, b]，$$

并且 $y = f(x)$ 在 $[a, b]$ 上存在连续导数，如图 6-5-11 所示. 如果在 $[a, b]$ 内任取一点 $x \in [a, b]$，并任意截取一小弧段 $\overgroup{AB}$，这个小弧段 $\overgroup{AB}$ 我们近似地看成直线段 $\overline{AB}$，那么小弧段 $\overgroup{AB}$ 的弧长微元为 ds 且 $(ds)^2 = \Delta x^2 + \Delta y^2$，

即

$$ds = \sqrt{dx^2 + dy^2} = \sqrt{1 + [f'(x)]^2}dx$$

所以，所求的弧长为

$$s = \int_a^b \sqrt{1 + [f'(x)]^2}dx.$$

例 6　计算曲线 $y = \frac{2}{3}x^{\frac{3}{2}}$ 对应于 $0 \leqslant x \leqslant 1$ 上的一段弧的长度.

解　由于 $y' = x^{\frac{1}{2}}$，从而弧长微元为

$$ds = \sqrt{1 + (x^{\frac{1}{2}})^2}dx = \sqrt{1 + x}dx.$$

于是所求弧长为

$$s = \int_0^1 \sqrt{1 + x}dx = \left[\frac{2}{3}(1 + x)^{\frac{3}{2}} \right]_0^1 = \frac{2}{3}(2\sqrt{2} - 1).$$

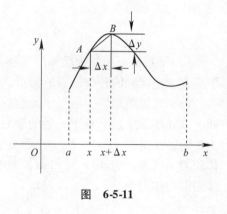

图 6-5-11

6.5.3　定积分的物理应用

1. 变力沿直线所做的功

从物理学知道，如果物体在一个不变的力 F 作用下，沿力的方向做直线运动，当物体移动的距离为 s 时，力 F 对物体所做的功为

$$W = F \cdot s.$$

如果物体在运动过程中所受到的力是变化的，这就遇到变力对物体做功的问题. 下面用

微元法来解决这一问题.

(1)取 x 为积分变量,积分区间为$[a, b]$;

(2)在区间$[a, b]$上,任取一个小区间$[x, x+dx]$,对应于这一小段的路程来说,变力所做的功近似于常力 $f(x)$ 所做的功. 于是可得功的微元为

$$dW = f(x)dx;$$

(3)把 dW 从 a 到 b 取定积分,即可得变力所做的功

$$W = \int_a^b dW = \int_a^b f(x)dx.$$

例 7 底面半径为 4 m,高为 8 m 的倒立圆锥形容器,内装 6 m 深的水,现要把容器中的水全部抽完,需做多少功?(水的密度 $\rho = 10^3 \text{ kg/m}^3$,重力加速度 $g = 9.8\text{N/kg}$)

分析 我们设想水是一层一层被抽出来的,由于水位不断下降,使得水层的提升高度连续增加,这是一个"变距离"做功问题,也可用定积分来解决.

解 如图 6-5-12 所示,建立直角坐标系.

于是直线 AB 的方程为 $y = -\dfrac{1}{2}x + 4$. 取 x 为积分变量,积分区间为$[2, 8]$. 在区间$[2, 8]$上,任取一个小区间$[x, x+dx]$,与它对应的小薄层水的重量近似于以 $y = -\dfrac{1}{2}x + 4$ 为底面半径,以 dx 为高的小圆柱的水的重量 $\rho \cdot g \cdot \pi y^2 dx(\text{N})$,抽出这一薄层水所做的功近似等于克服这一薄层水的重量所做的功,所以功的微元为

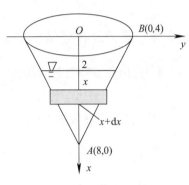

图 **6-5-12**

$$dW = \rho g \pi \cdot \left(-\frac{1}{2}x + 4\right)^2 x dx.$$

于是所求的功为

$$W = \int_2^8 \rho g \pi \left(-\frac{1}{2}x + 4\right)^2 x dx = \rho g \pi \int_2^8 \left(16x - 4x^2 + \frac{1}{4}x^3\right)dx = \rho g \pi \left[8x^2 - \frac{4}{3}x^3 + \frac{x^4}{16}\right]_2^8$$

$$= \rho g \pi \times 63 = 19386.36(\text{J}).$$

2. 液体侧压力

由物理学知道,在液体深 h 处的压强为 $p = \rho g h$,这里 ρ 是液体的密度(单位:kg/m^3),g 是重力加速度 $g = 9.8\text{N/kg}$. 如果有一面积为 A 的平面薄板水平放置在距离表面深度为 h 的液体中,那么平面薄板一侧所受的压力为

$$F = p \cdot A = \rho g h A.$$

如果平面薄板铅直放置在液体中,那么,由于液体不同深度处的压强 p 不相等,平面薄板一侧所受的液体压力就不能直接用上面的公式进行计算了,但可以用微元法来解决这种压力计算问题.

例 8 设有一形状是等腰梯形的闸门铅直竖立于水中,其上底宽 8 m,下底宽 4 m,高为 6 m,闸门顶与水面齐平,求水对闸门的压力.

解 如图 6-5-13 所示,建立直角坐标系. 直线 AB 的方

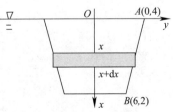

图 **6-5-13**

程为 $y = -\dfrac{1}{3}x + 4$.

取 x 为积分变量，积分区间为 $[0, 6]$. 在区间 $[0, 6]$ 上，任取一个小区间 $[x, x + \mathrm{d}x]$，与它对应的小薄片的面积近似于长为 $2y = 2\left(-\dfrac{1}{3}x + 4\right)$，宽为 $\mathrm{d}x$ 的小矩形的面积 $\mathrm{d}A = 2y\mathrm{d}x = 2\left(4 - \dfrac{x}{3}\right)\mathrm{d}x$，从 x 到 $x + \mathrm{d}x$ 的压强可以近似地看成在 $x\mathrm{m}$ 深的水的压强 ρgx，于是可得闸门所受的压力微元

$$\mathrm{d}F = \rho gx\mathrm{d}A = 2 \times 9.8 \times 10^3\left(4 - \dfrac{x}{3}\right)x\mathrm{d}x.$$

闸门所受的压力为：

$$F = 2 \times 9.8 \times 10^3 \times \int_0^6\left(4x - \dfrac{x^2}{3}\right)\mathrm{d}x = 2 \times 9.8 \times 10^3 \times \left[2x^2 - \dfrac{1}{9}x^3\right]_0^6 = 940800(\mathrm{N}).$$

6.5.4 定积分在经济学中的应用

1. 由边际函数求总量函数

边际变量(成本、收入、利润)是指对应经济变量的变化率.

如果已知边际成本 $C'(x)$，固定成本 C_0，边际收入 $R'(x)$，

则总成本函数 $\qquad\qquad C(x) = C_0 + \int_0^x C'(x)\mathrm{d}x,$

总收益函数 $\qquad\qquad R(x) = \int_0^x R'(x)\mathrm{d}x,$

总利润函数 $\qquad\qquad L(x) = \int_0^x[R'(x) - C'(x)]\mathrm{d}x - C_0.$

例 9 已知生产某产品的边际成本 $C'(x) = 2x + 36$，固定成本为 500 元，求总成本函数.

解 总成本为固定成本与可变成本之和，即

$$C(x) = 500 + \int_0^x C'(x)\mathrm{d}x = 500 + \int_0^x(2x + 36)\mathrm{d}x = (x^2 + 36x)\Big|_0^x + 500 = x^2 + 36x + 500.$$

2. 由边际函数求总量函数的改变量

若边际成本为 $C'(x)$，则在产量 $x = x_0$ 的基础上，多生产 Δx 个单位的产品所需增加的成本为

$$\Delta C = \int_{x_0}^{x_0 + \Delta x} C'(x)\mathrm{d}x.$$

例 10 某种产品每天生产 x 单位时的固定成本为 $C_0 = 80$，边际成本为 $C'(x) = 0.6x + 20$ (元/单位)，边际收入为 $R'(x) = 32$ (元/单位)，求：

(1) 每天生产多少单位时利润最大，最大利润为多少；

(2) 在利润最大时，若多生产 10 个单位产品，总利润有何变化.

解 (1) 由 $R'(x) = C'(x)$ 时利润最大，知 $32 = 0.6x + 20$，即 $x_0 = 20$ 时利润最大，最大利润为

$$L(20) = \int_0^{20}[R'(x) - C'(x)]\mathrm{d}x - C_0$$

$$= \int_0^{20} \left[32 - 0.6x - 20 \right] \mathrm{d}x - 80 = 40(元)$$

(2) $\Delta L = \int_{20}^{30} \left[R'(x) - C'(x) \right] \mathrm{d}x = \left(12x - 0.3x^2 \right) \Big|_{20}^{30} = -30(元)$

即在最大利润时的产量 $x = 20$ 个单位基础上，再多生产 10 个单位产品，利润将减少 30 元.

习题 6.5

1. 求下列各组曲线所围成的平面图形的面积.

(1) $xy = 1$，$y = x$，$x = 2$； (2) $y = \mathrm{e}^x$，$y = \mathrm{e}^{-x}$，$x = 1$；

(3) $x = y^2$，$y = x^2$； (4) $y = x^2$，$x + y = 2$；

(5) $y = x^3$，$y = 2$，$y = 1$，$x = 0$； (6) $x = 0$，$y = 0$，$y = 1$，$y = \ln x$.

2. 求下列曲线所围成的平面图形绕指定的轴旋转所得旋转体的体积.

(1) $2x - y + 4 = 0$，$x = 0$，$y = 0$ 绕 x 轴； (2) $y = x^2 - 4$，$y = 0$ 绕 x 轴；

(3) $\dfrac{x^2}{a^2} + \dfrac{y^2}{b^2} = 1$ 绕 x 轴； (4) $y^2 = x$，$x^2 = y$ 绕 y 轴.

3. 证明半径为 R 的球的体积是 $v = \dfrac{4}{3} \pi R^3$.

4. 一物体，其底面是半径为 R 的圆，用垂直于底圆某直径的平面截该物体，所得截面都是正方形，求该物体的体积.

5. 某产品的边际收益函数为 $R'(Q) = 18(万元/t)$，边际成本函数为 $C'(Q) = 3Q^2 - 18Q + 33(万元/t)$，其中 Q 为产量（$0 \leqslant Q \leqslant 10$，单位为 t），且固定成本为 10 万元. 当 Q 为多少时利润最大？并求出最大利润.

复习题 6

1. 选择题.

(1) 下列积分不为零的是(   ).

A. $\int_{-\frac{\pi}{2}}^{\frac{3\pi}{2}} \cos x \mathrm{d}x$ B. $\int_{-\frac{\pi}{2}}^{\frac{\pi}{2}} \sin x \cos x \mathrm{d}x$ C. $\int_{-\frac{\pi}{4}}^{\frac{\pi}{4}} \dfrac{x}{1 + \cos x} \mathrm{d}x$ D. $\int_{-\frac{\pi}{4}}^{\frac{\pi}{3}} \tan x \mathrm{d}x$

(2) 设 $y = f(x)$ 在 $[a, b]$ 上连续，则定积分 $\int_a^b f(x) \mathrm{d}x$ 的值(   ).

A. 与区间及被积函数有关 B. 与区间无关，与被积函数有关

C. 与积分变量用何字母表示有关 D. 与被积函数的 $f(x)$ 的形式无关

(3) 下列积分正确的有(   ).

A. $\int_{-1}^{1} \dfrac{\mathrm{d}x}{x^2} = -2$ B. $\int_{-\frac{\pi}{2}}^{\frac{\pi}{2}} \sin x \mathrm{d}x = 2$

C. $\int_{-\frac{\pi}{2}}^{\frac{\pi}{2}} x \sin x \mathrm{d}x = 0$ D. $\int_{-1}^{1} \sqrt{1 - x^2} \mathrm{d}x = \dfrac{\pi}{2}$

(4) 下列等式中正确的有(   ).

A. $\dfrac{\mathrm{d}}{\mathrm{d}x} \int_a^b f(x) \mathrm{d}x = f(x) + C$ B. $\dfrac{\mathrm{d}}{\mathrm{d}x} \int_a^b f(x) \mathrm{d}x = f(x)$

C. $\dfrac{\mathrm{d}}{\mathrm{d}x}\displaystyle\int_a^b f(x)\,\mathrm{d}x = f'(x)$ D. $\dfrac{\mathrm{d}}{\mathrm{d}x}\displaystyle\int_a^b f(x)\,\mathrm{d}x = 0$

(5) 若 $\displaystyle\int_0^1 (2x + k)\,\mathrm{d}x = 2$，则 $k = ($ $)$.

A. 0   B. -1 C. 1   D. $\dfrac{3}{2}$

(6) $\displaystyle\int_{-1}^1 x^5\sqrt[5]{1 - x^2}\,\mathrm{d}x = ($ $)$

A. 1   B. 0   C. π D. -2

(7) $\displaystyle\int_1^e \dfrac{\ln x}{x}\,\mathrm{d}x = ($ $)$.

A. $\dfrac{1}{2}$ B. $\dfrac{e^2}{2} - \dfrac{1}{2}$ C. $\dfrac{1}{2e^2} - \dfrac{1}{2}$ D. -1

(8) 下列积分中不属于广义积分的是(   ).

A. $\displaystyle\int_{-1}^1 \dfrac{1}{x}\,\mathrm{d}x$ B. $\displaystyle\int_{-\infty}^1 \dfrac{1}{x^2 + 1}\,\mathrm{d}x$ C. $\displaystyle\int_1^9 \dfrac{1}{x - 3}\,\mathrm{d}x$ D. $\displaystyle\int_2^{10001} \dfrac{1}{x^2}\,\mathrm{d}x$

2. 填空题.

(1) $\displaystyle\int_1^1 f(x)\,\mathrm{d}x = $ _____ ，$\displaystyle\int_0^2 \mathrm{d}x = $ _____ .

(2) 估计积分 $\displaystyle\int_0^3 (x^3 - 3x)\,\mathrm{d}x$ 的范围为 _____ .

(3) 函数 $y = \cos x$ 在 $\left[0, \dfrac{\pi}{2}\right]$ 上的平均值为 _____ .

(4) $\displaystyle\int_{-5}^5 \dfrac{x^3\sin^2 x}{x^4 + 2x^2 + 1}\,\mathrm{d}x = $ _____ .

(5) $\displaystyle\int_0^\pi |\cos x|\,\mathrm{d}x = $ _____ .

(6) 若 $\displaystyle\int_0^k (2x - 3x^2)\,\mathrm{d}x = 0$，则 $k = $ _____ 或 _____ .

(7) $\displaystyle\int_0^3 e^{-\frac{(x-1)^2}{2}}\,\mathrm{d}x$ 经过 $u = \dfrac{x - 1}{2}$ 代换后，变量 u 的积分下限是 _____ ，积分上限是 _____ .

(8) $\displaystyle\int_{-\infty}^0 \dfrac{1}{(3 - x)^2}\,\mathrm{d}x = $ _____ .

(9) 由 $y = x^3$，$y = 0$，$x = -2$，$x = 1$ 所围成的图形的面积是 _____ .

3. 求下列定积分.

(1) $\displaystyle\int_3^4 \dfrac{x^2 + x + 6}{x + 3}\,\mathrm{d}x$；

(2) $\displaystyle\int_{-2}^{-1} \dfrac{1}{(11 + 5x)^3}\,\mathrm{d}x$；

(3) $\displaystyle\int_0^{\frac{\pi}{2}} \cos^3 x\sin 2x\,\mathrm{d}x$；

(4) $\displaystyle\int_1^e \dfrac{1 + \ln x}{x}\,\mathrm{d}x$；

(5) $\displaystyle\int_0^{\frac{\pi}{2}} \sin^3 x\,\mathrm{d}x$；

(6) $\displaystyle\int_0^{\ln 2} e^x (1 + e^x)^2\,\mathrm{d}x$；

(7) $\displaystyle\int_0^1 x\sqrt{1 - x^2}\,\mathrm{d}x$；

(8) $\displaystyle\int_4^9 \dfrac{\sqrt{x}}{\sqrt{x} - 1}\,\mathrm{d}x$；

（9）$\int_0^4 \dfrac{x+2}{\sqrt{2x+1}}\mathrm{d}x$ ；

（10）$\int_0^1 x\arctan x\mathrm{d}x$.

4．求下列广义积分.

（1）$\int_e^{+\infty} \dfrac{1}{x\ln^2 x}\mathrm{d}x$ ；

（2）$\int_0^{+\infty} \dfrac{4}{1+x^2}\mathrm{d}x$ ；

（3）$\int_0^{+\infty} \dfrac{1}{2+2x+x^2}\mathrm{d}x$ ；

（4）$\int_0^1 \dfrac{\mathrm{d}x}{(x-1)^3}$.

5．求由曲线 $y=2x$ ，$y=3-x^2$ 所围成的图形的面积.

6．求由 $y=x^3$ ，$x=2$ ，$y=0$ 所围成的图形分别绕 x 轴及 y 轴旋转所得的旋转体的体积.

7．底面半径为 5 m，高为 3 m 的圆锥形贮水池内装满水，求抽尽其中的水所做的功.

8．设有一形状是等腰梯形的闸门铅直竖立于水中，其上底宽 6 m，下底宽 4 m，高为 6 m，闸门顶与水面齐平，求水对闸门的压力.

习题参考答案

第1章

习题 1.1

1. (1) $(-\infty, 1)\cup(2, +\infty)$; (2) $[-1, 0)\cup(0, 1]$; (3) $[-1, 1]$; (4) $[-1, 1)$.

2. (1) 不相同，定义域不同;   (2) 不相同，定义域不同;
   (3) 相同;   (4) 不相同，对应法则不同.

3. (1) 单调递增; (2) 单调递增.

4. (1) 非奇非偶函数; (2) 偶函数; (3) 偶函数; (4) 奇函数; (5) 奇函数; (6) 奇函数.

5. (1) $y = \dfrac{1-x}{1+x}$;   (2) $y = \log_2 \dfrac{x}{1-x}$.

习题 1.2

1. (1) $\dfrac{\pi}{2}$; (2) $\dfrac{\pi}{2}$; (3) $-\dfrac{\pi}{4}$; (4) 0.

2. (1) $f(e^{-x}) = e^{-2x}\ln(1+e^{-x})$; (2) $f(x) = x^2 - 5x + 6$.

3. (1) $(-\infty, 0]$; (2) $[1, e]$.

4. (1) $y = \sqrt{4x+3}$; (2) $y = \ln\cos(x^3-1)$; (3) $y = e^{\tan^4 x}$; (4) $y = \arcsin\sqrt[3]{\dfrac{x-a}{x-b}}$.

5. (1) $y = e^u$, $u = \sin x$; (2) $y = \sin u$, $u = x^2$; (3) $y = \arccos u$, $u = \sqrt{v}$, $v = x-1$;
   (4) $y = \lg u$, $u = \arccos v$, $v = x^3$; (5) $y = u^7$, $u = x+2$; (6) $y = u^{-\frac{1}{3}}$, $u = 4-x^2$;
   (7) $y = \ln u$, $u = x^2 + \sqrt{x}$; (8) $y = u^3$, $u = 1 + \arccos v$, $v = x^2$.

6. (1) $p = \begin{cases} 90, & 0 \leqslant x \leqslant 100 \\ 90-(x-100)\cdot 0.01, & 100 < x < 1600; \\ 75, & x \geqslant 1600 \end{cases}$

   (2) $L = (p-60)x = \begin{cases} 30x, & 0 \leqslant x \leqslant 100 \\ 31x - 0.01x^2, & 100 < x < 1600; \\ 15x, & x \geqslant 1600 \end{cases}$

   (3) $L = 21000$ 元.

习题 1.3

1. $C(q) = 30000 + 2q$, $q \in [0, 1000]$; $C(600) = 31200$ 元, $\overline{C}(600) = 52$ 元;
   $C(800) = 31600$ 元, $\overline{C}(800) = 39.5$ 元.

2. (1) $q = 6500 - 25P$; (2) $P = 260$ 元; (3) $P \in [100, 260]$.

3. (1) 200 件; (2) 3400 元.

4. $S = 3.8 \times 10^6 + 4 \times 10^5 P$.

5. 2

140

复习题 1

1. (1)$(2, 6]$; (2)$(1.9, 2.1)$, $U\left(2, \dfrac{1}{10}\right)$; (3)$(-\infty, -100)\cup(100, +\infty)$

   (4)$(0.99, 1)\cup(1, 1.01)$, $\mathring{U}(1, 0.01)$.

2. (1)不同, 定义域不同; (2)不同, 解析式不同: $g(x) = |x|$.

3. $\dfrac{1}{2}$; 1.

4. $f(x) = 5x + \dfrac{2}{x^2}$; $f(x^2+1) = 5(x^2+1) + \dfrac{2}{(x^2+1)^2}$.

5. (1)$[-1, 0)\cup(0, 1]$; (2)$[2, 4]$; (3)$(1, +\infty)$.

6. (1)$y = \sqrt{u}$, $u = 3x+2$;   (2)$y = u^5$, $u = 1 + \lg x$;

   (3)$y = e^u$, $u = v^2$, $v = \sin x$;   (4)$y = \arccos u$, $u = 1 - x^2$.

7. $y = \begin{cases} 0.15x, & x \leqslant 50, \\ 0.25x - 5, & x > 50. \end{cases}$

第 2 章

习题 2.1

1. (1)$\times$;   (2)$\times$;   (3)$\checkmark$;   (4)$\times$.
2. (1)0;   (2)不存在;   (3)1;   (4)1.
3. (1)0;   (2)3;   (3)1;   (4)0;   (5)0;   (6)∞.
4. $\lim\limits_{x\to 0^-}f(x) = 2$, $\lim\limits_{x\to 0^+}f(x) = -1$, $\lim\limits_{x\to 0}f(x)$不存在.
5. $\lim\limits_{x\to 0^-}f(x) = 0$, $\lim\limits_{x\to 0^+}f(x) = 0$, $\lim\limits_{x\to 0}f(x) = 0$.

习题 2.2

1. (1)$\times$;   (2)$\times$;   (3)$\times$.
2. (1)无穷小;   (2)无穷大;   (3)无穷大;   (4)无穷小;

   (5)无穷小;   (6)无穷小;   (7)无穷大;   (8)无穷大.
3. (1)0;   (2)0;   (3)0.

习题 2.3

(1)2; (2)$\dfrac{2}{3}$; (3)-1; (4)2; (5)2; (6)$\dfrac{1}{2}$; (7)0; (8)1; (9)∞; (10)$\sin 2$.

习题 2.4

1. (1)$\dfrac{5}{3}$;   (2)2;   (3)2;   (4)1;   (5)e^{-3};   (6)e^2.

2. (1)$\dfrac{1}{3}$；　　　(2)0；　　　(3)$\dfrac{1}{3}$；　　　(4)1.

3. (1)$x^2 + 6x + 9$ 是比 $x + 3$ 高阶的无穷小；(2)$1 - \cos x$ 与 $\dfrac{x^2}{2}$ 是等价的无穷小.

习题 2.5

1. (1)$\Delta y = 0.75$；(2)$\Delta y = 2\ln\left(\dfrac{e^2 + 0.01}{e^2}\right)$.

2. (1)在 $x = 0$ 处连续；(2)在 $x = -\dfrac{1}{2}$ 和 $x = 1$ 处连续，在 $x = 0$ 处间断；

　(3)$f(x)$ 在 $(-\infty, 1) \cup (1, +\infty)$ 上连续，在 $x = 1$ 处间断.

3. (1)$f(x)$ 在 $(-\infty, 3)$ 内连续，$\lim\limits_{x \to 2} \ln(3 - x) = 0$；

　(2)$f(x)$ 在 $(-\infty, +\infty)$ 内连续，$\lim\limits_{x \to \frac{\pi}{2}} (\sin 2x + 3) = 3$.

4. (1)$x = 0$ 是第一类可去间断点；

　(2)$x = 1$ 是第一类可去间断点，$x = 2$ 是第二类间断点；

　(3)$x = 1$ 是第一类可去间断点；

　(4)$x = 1$ 是第二类间断点；

　(5)$x = \pi$ 是第一类跳跃间断点.

5. (1)3；　(2)0；　(3)0；　(4)0；　(5)$-\dfrac{e^{-2} + 1}{2}$；　(6)0.

6. $a = e - 1$.

7. $x = -1$ 处不连续.

8. 连续区间为 $[0, 1) \cup (1, +\infty)$.

9. 提示：令 $f(x) = x^5 - 3x - 1$，$f(x)$ 在 $[1, 2]$ 内使用根的存在定理.

复习题 2

1. (1)B；(2)C.

2. (1)充分必要；(2)连续，间断.

3. (1)$-\dfrac{1}{2}$；(2)6；(3)$\dfrac{1}{2}$；(4)$\sqrt{5}$；(5)∞；(6)0；(7)$e^{\frac{1}{2}}$；(8)$\dfrac{1}{6}$；(9)$\dfrac{8}{9}$.

4. ∞，0.

5. 0，第一类间断点.

6. $a = 1$，$b = -2$.

7. 略.

第 3 章

习题 3.1

1. (1)0；　　　(2)$\cos x$，0；　　　(3)$\dfrac{1}{x}$，$\dfrac{1}{2}$.

2. $(1)4x^3$;　　　$(2)\dfrac{2}{3}x^{-\frac{1}{3}}$;　　　$(3)1.6x^{0.6}$;　　$(4)-\dfrac{1}{2}x^{-\frac{3}{2}}$;

$(5)-\dfrac{3}{x^4}$;　　$(6)\dfrac{16}{5}x^{\frac{11}{5}}$;　　　$(7)\dfrac{1}{6}x^{-\frac{5}{6}}$;　　$(8)\dfrac{1}{x\ln5}$.

3. $\dfrac{\sqrt{3}}{2}x + y - \dfrac{1}{2}\left(1 + \dfrac{\sqrt{3}}{3}\pi\right) = 0$.

4. $x - y + 1 = 0$；$x + y - 1 = 0$.

5. $x - 4y + 4 = 0$；$4x + y - 18 = 0$.

6. $\left(\dfrac{1}{4}, \dfrac{1}{16}\right)$.

7. 连续但不可导.

习题 3.2

1. $(1)4$；$(2)2\sin1$.

2. $(1)4x + \dfrac{3}{2\sqrt{x}}$;　　$(2)5x^4 - 2\sin x - \dfrac{3}{x}$;　　$(3)\dfrac{\sin x + 2x\cos x}{2\sqrt{x}}$;　　　$(4)\dfrac{4x}{(x^2+1)^2}$;

$(5)\cos2x$;　　　$(6)\dfrac{1 + \cos t + \sin t}{(1 + \cos t)^2}$;　　　$(7)-2\cos x(2\sin x + 1)$;

$(8)(1 + 2x)\cos(x + x^2)$;　　　　　$(9)\dfrac{1}{x\ln x}$;

$(10)\dfrac{x}{|x|\sqrt{1 - x^2}}$;　　　　　$(11)-\dfrac{2}{4x^2 + 1}$;　　$(12)2x - \dfrac{2}{x^3}$;

$(13)-12x\sin(3x^2 + 1)$;　　　　$(14)\dfrac{1 - x}{x^2 + 1}$.

3. $(1)-\dfrac{5\sqrt{3}}{2}$;　　$(2)-\dfrac{1}{18}$.

习题 3.3

1. $(1)12x^2 + \dfrac{1}{4\sqrt{x^3}}$;　　$(2)4 - \dfrac{1}{x^2}$;　　　　$(3)-25\cos5x$;　　$(4)80(2x - 1)^3$;

$(5)4e^{2x-1}$;　　　　$(6)-2\sin x - x\cos x$;　　$(7)-2e^{-t}\cos t$;　　$(8)-\dfrac{2(1 + x^2)}{(1 - x^2)^2}$;

$(9)2\sec^2x\tan x$;　　$(10)2xe^{x^2}(3 + 2x^2)$.

2. 略.

3. 207360.

习题 3.4

1. $(1)\dfrac{\cos y - 2\cos(2x + y)}{x\sin y + \cos(2x + y)}$;　$(2)-\dfrac{y}{e^y + x}$;　$(3)\dfrac{1 - y\cos(xy)}{x\cos(xy)}$;　$(4)\dfrac{e^y}{2 - y}$.

2. $\sqrt{2}x + 6y - 9\sqrt{2} = 0$.

3. $(1)(1 + x^2)^{\tan x}\sec^2x\ln(1 + x^2) + 2x(1 + x^2)^{\tan x - 1}\tan x$;

(2) $\dfrac{y}{2}\left(\dfrac{2}{x-1}+\dfrac{1}{x-2}-\dfrac{3}{x-3}-\dfrac{1}{x-4}\right)$.

4. (1) $\dfrac{3t^2-1}{2t}$;   (2) $\sec t$;   (3) $\dfrac{\sin t}{1-\cos t}$;   (4) $\dfrac{3b}{2a}t$.

习题 3.5

1. 0.08, 0.0804.

2. (1) $(6x^2-2x)\mathrm{d}x$;   (2) $(\cos x-\sin x)\mathrm{d}x$;   (3) $x^{-\frac{3}{2}}\left(1-\dfrac{\ln x}{2}\right)\mathrm{d}x$;

     (4) $\dfrac{(x-1)\mathrm{e}^x}{x^2}\mathrm{d}x$;   (5) $\dfrac{-x}{1-x^2}\mathrm{d}x$;   (6) $-(2x+1)\mathrm{e}^{2x}\mathrm{d}x$.

3. (1) $\dfrac{x^2}{2}+C$;   (2) $\sin x+C$;   (3) $\ln|x|+C$;   (4) $2\sqrt{x}+C$.

4. 11.

复习题 3

1. (1) $y'=\lim\limits_{x\to-2}\dfrac{f(x)-f(-2)}{x+2}=108$;   (2) $y'=\lim\limits_{\Delta x\to 0}\dfrac{f(x+\Delta x)-f(x)}{\Delta x}=-\dfrac{1}{x^2}$.

2. (1) 存在, 等于 $f'(x_0)$; (2) 存在, 等于 $2f'(x_0)$; (3) 存在, 等于 $2f'(x_0)$.

3. (1) 固定成本 200, 可变成本 $4Q+0.05Q^2$; (2) $C'(Q)=4+0.1Q$, $C'(200)=24$, 表示当生产了 200 个产品后, 再多生产一个产品的成本为 24 元.

4. (1) 连续但不可导; (2) 连续且可导.

5. $a=2$, $b=-1$.

6. (1) $6x+\dfrac{4}{x^3}$;   (2) $4x+\dfrac{5}{2}x^{\frac{3}{2}}$;   (3) $\dfrac{3}{x}+\dfrac{4}{x^3}$;   (4) $-x^2-\dfrac{5}{2}x^{-\frac{7}{2}}-3x^{-4}$.

7. (1) $\left(-\dfrac{1}{x^2}+\dfrac{1}{\sqrt{x}}\right)\mathrm{d}x$;   (2) $(\sin 2x+2x\cos 2x)\mathrm{d}x$;

     (3) $\dfrac{-2\ln(1-x)}{1-x}\mathrm{d}x$;   (4) $\mathrm{e}^{-x}[\sin(3-x)-\cos(3-x)]\mathrm{d}x$.

8. (1) $2x+C$;   (2) $\dfrac{3}{2}x^2+C$;   (3) $\sin x+C$;   (4) $-\dfrac{1}{\omega}\cos\omega x+C$.

9. (1) 0;   (2) $\dfrac{1}{x\sqrt{1-x^2}}-\dfrac{\arcsin x}{x^2}$;   (3) $\arctan x+\dfrac{x}{1+x^2}$.

10. (1) $-200x(1-x^2)^{99}$;   (2) $\dfrac{2x}{1+x^4}$;

     (3) $\arcsin(\ln x)+\dfrac{1}{\sqrt{1-\ln^2 x}}$;   (4) $\dfrac{\mathrm{e}^{\arctan\sqrt{x}}}{2\sqrt{x}(1+x)}$.

11. $f'(x)=\begin{cases}\cos x, & x<0,\\ 1, & x\leqslant 0.\end{cases}$

12. (1) $y'=\dfrac{7}{8}x^{-\frac{1}{8}}$;   (2) $y'=\dfrac{\cos x}{\sqrt{1-\sin^2 x}}=\pm 1$;

$(3) y' = -2x\mathrm{e}^{-x^2}$; $(4) y' = \dfrac{\mathrm{e}^x}{\sqrt{1+\mathrm{e}^{2x}}}$.

13. $(1) 9\mathrm{e}^{3x-1}$; $(2) \dfrac{-2(1+x^2)}{(1-x^2)^2}$; $(3) 2(1-2x^2)\sin 2x + 8x\cos 2x$.

14. $(1) \dfrac{\mathrm{d}y}{\mathrm{d}x} = \dfrac{\mathrm{e}^{x+y}-y}{x-\mathrm{e}^{x+y}}$; $(2) \dfrac{\mathrm{d}y}{\mathrm{d}x} = \dfrac{3x^2}{1+3y^2}$.

15. $(1) \left(\dfrac{x}{1+x}\right)^x\left(\ln\dfrac{x}{1+x} + \dfrac{1}{1+x}\right)$; $(2) \dfrac{1}{25}\sqrt[5]{\dfrac{x-5}{\sqrt[5]{x^2+2}}} \cdot \dfrac{3x^2+10x+10}{(x-5)(x^2+2)}$.

16. $\dfrac{\mathrm{d}y}{\mathrm{d}x} = \dfrac{3b}{2a}t$; $\dfrac{\mathrm{d}^2 y}{\mathrm{d}x^2} = \dfrac{3b}{4a^2 t}$.

17. 切线方程：$4x+3y-12a=0$；法线方程：$3x-4y+6a=0$.

18. 切线方程：$y - \dfrac{\sqrt{2}}{2} = \dfrac{\sqrt{2}}{2}\left(x - \dfrac{\pi}{4}\right)$；法线方程：$y - \dfrac{\sqrt{2}}{2} = -\sqrt{2}\left(x - \dfrac{\pi}{4}\right)$.

19. 9.9933.

第4章

习题 4.1

1. $(1) A$; $(2) \dfrac{1}{\ln 2}$; $(3) 0$; $(4) 2, (1, 2), (2, 3)$.

2. (1)满足罗尔定理的条件，$\xi = \dfrac{1}{4} \in (-1, 1.5)$；

   (2)满足罗尔定理的条件，$\xi = 2 \in (0, 3)$.

3. $\xi = \sqrt[3]{\dfrac{15}{4}} \in (1, 2)$.

4. 满足柯西中值定理的条件，$\xi = \dfrac{14}{9} \in (1, 2)$.

习题 4.2

1. $(1) \infty$; $(2) -1$; $(3) 2$; $(4) \cos a$; $(5) \dfrac{3}{5}$; $(6) 1$; $(7) 3$; $(8) 1$; $(9) \dfrac{a}{b}$; $(10) \dfrac{3}{2}$;

   $(11) -\dfrac{1}{3}$; $(12) 1$; $(13) 1$; $(14) 2$; $(15) 0$; $(16) -1$; $(17) -2$; $(18) 2$; $(19) \infty$.

2. $(1) \dfrac{1}{2}$; $(2) -2$; $(3) \mathrm{e}^{-\frac{2}{\pi}}$.

习题 4.3

1. (1)在$[0, 2\pi]$内单调增加；

   (2)在$(-\infty, -1), (3, +\infty)$内单调增加，在$(-1, 3)$内单调减少；

   (3)在$(-\infty, -2), (1, +\infty)$内单调增加，在$(-2, 1)$内单调减少；

(4)在$(-\infty,0)$，$(1,+\infty)$内单调增加，在$(0,1)$内单调减少.

2. (1)在$(-\infty,0)$，$(1,+\infty)$内单调增加，在$(0,1)$内单调减少，在$x=0$处取得极大值为0，在$x=1$处取得极小值为-1；

(2)在$(-\infty,2)$，$(3,+\infty)$内单调增加，在$(2,3)$内单调减少，在$x=2$处取得极大值为2，在$x=3$处取得极小值为$\dfrac{3}{2}$；

(3)在$(-\infty,1)$，$\left(\dfrac{7}{5},2\right)$，$(2,+\infty)$内单调增加，在$\left(1,\dfrac{7}{5}\right)$内单调减少，在$x=1$处取得极大值为0，在$x=\dfrac{7}{5}$处取得极小值为$-\dfrac{108}{3125}$；

(4)在区间$(0,8)$内单调增加，在区间$(-\infty,0)$，$(8,+\infty)$内单调减少，在$x=0$处取得极小值为0，在$x=8$处取得极大值为4.

3. (1)函数的极大值为$f(-2)=11$，极小值为$f(1)=-\dfrac{5}{2}$；

(2)函数的极大值为$f(-2)=60$，极小值为$f(4)=-48$.

4. (1)最大值是2，最小值是-10；   (2)最大值是2，最小值是0；

(3)最大值是$\dfrac{11}{6}$，最小值是$-\dfrac{41}{6}$；   (4)最大值是13，最小值是-19.

5. 每月每套租金定为350元时收入最大，最大收入为10890.

6. 月产量为15吨时利润最大.

7. 每批应该生产7台机床，才能使机床厂的利润最大，且最大利润为28万元.

8. 当长方形的小屋长为10米，宽为5米时，这间屋子的面积最大.

习题4.4

1. (1)在$(0,+\infty)$内是凸的，无拐点；

(2)在$\left(-\infty,-\dfrac{1}{2}\right)$内是凸的，在$\left(-\dfrac{1}{2},+\infty\right)$内是凹的，拐点是$\left(-\dfrac{1}{2},\dfrac{41}{2}\right)$；

(3)在$(-\infty,1)$内是凹的，在$(1,+\infty)$内是凸的，拐点是$(1,2)$；

(4)在$(-\infty,-1)$，$(1,+\infty)$内是凹的，在$(-1,1)$内是凸的，拐点是$(\pm 1,-5)$；

(5)在$\left(-\infty,-\dfrac{1}{5}\right)$内是凸的，在$\left(-\dfrac{1}{5},0\right)$和$(0,+\infty)$内是凹的，拐点是$\left(-\dfrac{1}{5},-\dfrac{6}{5}\sqrt[3]{\dfrac{1}{25}}\right)$；

(6)在$(-\infty,0)$和$(1,+\infty)$内是凹的，在$(0,1)$内是凸的，拐点是$(0,1)$和$(1,0)$.

2. $a=1$，$b=3$.

3. $a=0$，$b=-1$，$c=3$.

习题4.5

1. (1)垂直渐近线：$x=1$，$x=2$，水平渐近线：$y=0$；

（2）垂直渐近线：$x=2$，水平渐近线：$y=0$

2. 略.

3. 最小平均成本为85.

习题 4.6

1. （1）$\dfrac{P}{P-24}$；　　　（2）-0.33；　　　（3）减少；　　　（4）12，72.

2. 125，12.5，5. 当产量为10个单位时，每多生产1个单位的产品需要增加5个单位成本，因 12.5 > 5，因此应继续提高产量.

3. $-0.1Q+20$，5，-20.

复习题 4

1. （1）$\dfrac{\pi}{2}$；　　　（2）0；　　　（3）0；　　　（4）2.

2. $\xi=1$.

3. 在 $[7,8]$，$[8,9]$，$[9,10]$，$[10,11]$，$[11,12]$ 上各有一个实根.

4. 提示：在任意闭区间 $[a,b]$ 应用拉格朗日中值定理即可得证.

5. （1）2；　　　（2）0；　　　（3）$\dfrac{m}{n}a^{m-n}$；　　　（4）1；　　　（5）∞；

  （6）$\dfrac{1}{2}$；　　　（7）0；　　　（8）e；　　　（9）e^{-1}；　　　（10）e^{3}.

6. $f(x)$ 在 $x\in(-\infty,+\infty)$ 上单调增加.

7. （1）在 $(-\infty,1]$，$[3,+\infty)$ 上单调增加，在 $[-1,3]$ 上单调减少，
　　极大值 $y(-1)=17$，极小值 $y(3)=-47$；

  （2）在 $(-\infty,-1]$，$\left[\dfrac{1}{2},5\right]$ 上单调减少，在 $\left(-1,\dfrac{1}{2}\right)$，$(5,+\infty)$ 内单调增加，

　　极大值 $y\left(\dfrac{1}{2}\right)=\dfrac{81}{8}\sqrt[3]{18}$，极小值 $y(-1)=y(5)=0$；

  （3）在 $\left(-\dfrac{\pi}{2},-\dfrac{\pi}{4}\right)$ 内单调减少，在 $\left(-\dfrac{\pi}{4},\dfrac{\pi}{2}\right)$ 内单调增加，极小值 $y\left(-\dfrac{\pi}{4}\right)=-\sqrt{2}$.

8. （1）$y_{极大}(1)=\dfrac{1}{e}$；（2）$y_{极大}(1)=\dfrac{\pi}{4}-\dfrac{1}{2}\ln 2$；（3）$y_{极大}(e)=e^{\frac{1}{e}}$.

9. （1）$y_{\min}(4)=80$，$y_{\min}(-1)=-5$；（2）$y_{\max}(e)=6$，$y_{\min}(0)=0$.

10. 长 18m，宽 12m.

11. （1）在 $(-\infty,-1)\cup(1,+\infty)$ 内是凸的，在 $[-1,1]$ 上是凹的，拐点为 $(\pm 1,\ln 2)$；

  （2）在 $(-\infty,2)$ 内是凸的，在 $(2,+\infty)$ 内是凹的，拐点为 $(2,-15)$；

  （3）在 $(-\infty,-2)$ 内是凸的，在 $(-2,+\infty)$ 内是凹的，拐点为 $(-2,-2e^{-2})$；

  （4）在 $(-\infty,2)$ 内是凸的，在 $(2,+\infty)$ 内是凹的，拐点为 $(2,0)$.

12. （1）9.5 元；（2）22 元.

13. （1）$R(Q)=PQ=10Q-\dfrac{1}{5}Q^{2}$，$\overline{R}(Q)=10-\dfrac{1}{5}Q$，$R'(Q)=10-\dfrac{2}{5}Q$；

（2）120，6，2.

14. $L(Q) = -Q^2 + 16Q - 100$，8 百件.

第5章

习题 5.1

1. （1）$\dfrac{x^3}{3} + C$（C 为任意常数）；　　（2）$-\sin x$；　　（3）$\arctan x\,\mathrm{d}x$；　　（4）$x^5 + C$.

2. （1）$\dfrac{1}{\arcsin x \cdot \sqrt{1 - x^2}} + C$；　（2）$\dfrac{\mathrm{d}x}{\sqrt{x}(1 + x^2)}$；　（3）$x\sin x \cdot \ln x + C$；　（4）$\mathrm{e}^x(\sin x + \cos x)$.

3. （1）$\dfrac{3^x}{\ln 3} + C$；　　　　　　　（2）$\ln|x| - \cos x + C$；　　　　　（3）$\arctan x + C$；

（4）$\dfrac{1}{2}x^4 - 3\mathrm{e}^x + x + C$；　　　（5）$\dfrac{3}{2}x^{\frac{2}{3}} + C$；　　　　　　（6）$x^3 + C$.

4. （1）$-\cot x - x + C$；　　　　　（2）$\dfrac{1}{2}(x + \sin x) + C$；　　（3）$\sin x - \cos x + C$；

（4）$x + 2\cos x + 2\ln|x| + C$；　（5）$\tan x - 2\cot x + C$；　　（6）$\dfrac{1}{2}t^2 + 2t + \ln|t| + C$；

（7）$2\arcsin t - 3\arctan t + C$；　（8）$\dfrac{6^x}{\ln 6} + \dfrac{1}{7}x^7 + C$；　　（9）$-\dfrac{1}{3}x^3 - x + C$；

（10）$-\cot x + \csc x + C$.

5. 所求方程为 $y = x^2 - 3$.

6. $s = \sin t + 9$.

习题 5.2

1. （1）4；（2）$-\dfrac{1}{2}$；（3）$\dfrac{1}{2}$；（4）2；（5）-1；（6）$-\dfrac{1}{2}$.

2. （1）$\dfrac{1}{12}(3x - 4)^4 + C$；　（2）$-\dfrac{1}{2}\mathrm{e}^{-2x} + C$；　（3）$\mathrm{e}^{\arcsin x} + C$；　（4）$\dfrac{1}{3}\cos^3 x - \cos x + C$；

（5）$-\dfrac{1}{3}\ln|4 - 3x| + C$；（6）$-\sqrt{1 - x^2} + C$；　（7）$-\tan\dfrac{1}{x} + C$；

（8）$-2\cos\sqrt{x} + C$；　　（9）$-\dfrac{1}{\ln x} + C$；　　（10）$\dfrac{1}{3}(\arctan x)^3 + C$.

3. （1）$\sqrt{2x} - \ln\left|1 + \sqrt{2x}\right| + C$；　　　　（2）$\dfrac{3}{2}\sqrt[3]{x^2} - 3\sqrt[3]{x} + 3\ln\left|\sqrt[3]{x} + 1\right| + C$；

（3）$x + 2\sqrt{x} + 2\ln\left|\sqrt{x} - 1\right| + C$；　　　（4）$3\sqrt[3]{x} - 6\sqrt[6]{x} + 6\ln\left|1 + \sqrt[6]{x}\right| + C$；

（5）$\dfrac{1}{2}\left(\arcsin x + x\sqrt{1 - x^2}\right) + C$.

习题 5.3

（1）$x\sin x + \cos x + C$；　　　　　　　　　　　　（2）$-\mathrm{e}^{-x}(x + 1) + C$；

(3) $x\arcsin x + \sqrt{1-x^2} + C$;

(4) $\frac{1}{2}x^2\left(\ln x - \frac{1}{2}\right) + C$;

(5) $\frac{1}{2}e^x(\sin x - \cos x) + C$;

(6) $2e^{\sqrt{x}}(\sqrt{x} - 1) + C$.

复习题 5

1. (1) $x^3 + \frac{2^x}{\ln 2} - 4x + C$;　　(2) $\frac{2}{7}x^{\frac{7}{2}} + \frac{1}{2}x^2 + 6x^{\frac{1}{2}} + C$;　　(3) $5\arcsin x + C$;

(4) $-\frac{1}{x} + \frac{1}{12}x^3 + x + C$;　　(5) $-\frac{1}{x} - \arctan x + C$;　　(6) $\tan x - \sec x + C$;

(7) $2x - \tan x + C$;　　(8) $\frac{1}{2}\tan x + C$.

2. (1) $\frac{1}{2}e^{2x+1} + C$;　　(2) $-\frac{1}{3(1+3x)} + C$;　　(3) $\frac{3}{4}(x+1)^{\frac{4}{3}} + C$;

(4) $x - 2\ln|x+1| + C$;　　(5) $\sqrt{1+x^2} + C$;　　(6) $\frac{1}{4}\ln^4 x + C$;

(7) $\cos\frac{1}{x} + C$;　　(8) $-2\sqrt{\cos x} + C$;　　(9) $2\sqrt{2+e^x} + C$;

(10) $\arctan e^x + C$;　　(11) $\frac{2^{\sqrt{x}+1}}{\ln 2} + C$;　　(12) $\frac{1}{3}\sin^3 x - \frac{1}{5}\sin^5 x + C$;

(13) $2\ln\left|\frac{x-3}{x-2}\right| + C$;　　(14) $\frac{1}{2}\ln(x^2+2x+10) + \frac{2}{3}\arctan\frac{x+1}{3} + C$.

3. (1) $2\arctan\sqrt{x} + C$;　　(2) $\frac{2}{3}(x+1)^{\frac{3}{2}} - (x+1) + C$;

(3) $\sqrt{2x-3} - \ln\left(\sqrt{2x-3}+2\right) - \sqrt{2}\arctan\frac{\sqrt{4x-6}}{2} + C$;

(4) $\frac{3}{2}(x+1)^{\frac{2}{3}} - 3\sqrt[3]{x+1} + 3\ln\left|\sqrt[3]{x+1}+1\right| + C$.

4. (1) $x\ln x - x + C$;　　(2) $\frac{1}{9}x^3(3\ln x - 1) + C$;　　(3) $-x\cos x + \sin x + C$;

(4) $e^x(x-1) + C$;　　(5) $x\arcsin x + \sqrt{1-x^2} + C$;　　(6) $\frac{1}{2}e^x(\sin x - \cos x) + C$.

5. $y = \frac{1}{2}x^2 - x + \frac{5}{2}$.　　6. $s = t^2 + 3t$.　　7. $x^3 + x^2$.　　8. $R(Q) = 104Q - 0.4Q^2$.

第 6 章

习题 6.1

1. $\frac{1}{2}$.

2. (1) $A = \int_{-2}^{1}(x^2+1)\,dx$;　　(2) $A = \int_{0}^{\pi}\sin x\,dx - \int_{\pi}^{\frac{3\pi}{2}}\sin x\,dx$;

$(3)A = \int_0^1 1\mathrm{d}x - \int_0^1 x^2\mathrm{d}x$ 或 $A = \int_0^1 \sqrt{y}\mathrm{d}y$；　　$(4)A = -\int_{-\pi}^{-\frac{\pi}{2}} \cos x\mathrm{d}x + \int_{-\frac{\pi}{2}}^{\frac{\pi}{2}} \cos x\mathrm{d}x$；

$(5) \int_{-1}^1 \sqrt{2-x^2}\mathrm{d}x - \int_{-1}^1 x^2\mathrm{d}x$.

3. $(1) \int_1^3 (x^2+1)\mathrm{d}x$；　　$(2) \int_0^{\frac{\pi}{4}} \cos x\mathrm{d}x - \int_0^{\frac{\pi}{4}} \sin x\mathrm{d}x + \int_{\frac{\pi}{4}}^{\frac{\pi}{2}} \sin x\mathrm{d}x - \int_{\frac{\pi}{4}}^{\frac{\pi}{2}} \cos x\mathrm{d}x$.

4. $(1)\pi$；　　$(2)0$；　　$(3)0$；　　$(4)0$；　　$(5)0$；　　$(6)0$.

习题 6.2

1. $(1)\ \sin x^4$；　　$(2)\ -\sqrt{1+x^2}$；　　$(3)\ 3x^2\ln x^6$；　　$(4)3x^2\mathrm{e}^{-x^3} - 2x\mathrm{e}^{-x^2}$；

2. $(1)\ \dfrac{7}{3}$；　　$(2)\ \mathrm{e}-1$；　　$(3)\ln\dfrac{3}{2}+\dfrac{31}{3}$；　　$(4)1$；

$(5)\ 4$；　　$(6)\ \dfrac{271}{6}$；　　$(7)\ \dfrac{8}{3}$.

3. 略.

习题 6.3

1. $(1)\ \dfrac{1}{4}$；　　$(2)\mathrm{e}-1$；　　$(3)\pi-\dfrac{4}{3}$；　　$(4)2(\sqrt{2}-1)$；

$(5)\ \dfrac{4}{3}$；　　$(6)\ -\dfrac{9}{2}+12\ln\dfrac{3}{2}$；　　$(7)\ \pi$；　　$(8)\dfrac{26}{3}$.

2. $(1)1-\dfrac{\sqrt{\mathrm{e}}}{2}$；　　$(2)1$；　　$(3)\dfrac{\pi}{4}-\dfrac{1}{2}$；　　$(4)\ 1-2\mathrm{e}^{-1}$；

$(5)\ -2\pi$；　　$(6)1+\dfrac{2\mathrm{e}^3}{9}$.

习题 6.4

1. $(1)\dfrac{1}{3}$；　　(2)发散；　　$(3)\dfrac{1}{2}$；　　(4)发散；

(5)发散；　　$(6)\dfrac{\pi}{2}$.

2. $(1)1$；　　$(2)\dfrac{\pi}{2}$；　　(3)发散；　　$(4)\dfrac{8}{3}$.

习题 6.5

1. $(1)\dfrac{3}{2}-\ln2$；　　$(2)\mathrm{e}+\dfrac{1}{\mathrm{e}}-2$；　　$(3)\dfrac{1}{3}$；　　$(4)4\dfrac{1}{2}$；　　$(5)\dfrac{3}{4}(2\sqrt[3]{2}-1)$；　　$(6)\mathrm{e}-1$.

2. $(1)\dfrac{32\pi}{3}$；　　$(2)\dfrac{512\pi}{15}$；　　$(3)\dfrac{4}{3}\pi ab^2$；　　$(4)\dfrac{3\pi}{10}$.

3. 略.

4. $\dfrac{16}{3}R^3$.

5. $Q = 5t$ 时利润最大，最大利润为 15 万元.

复习题 6

1. （1）D； （2）A； （3）D； （4）D； （5）C； （6）B； （7）A； （8）D.

2. （1）0,2； （2）$-6 \leqslant \int_0^3 (x^3 - 3x)\,\mathrm{d}x \leqslant 54$； （3）$\dfrac{2}{\pi}$； （4）0； （5）2； （6）1,0；

（7）$-\dfrac{1}{2}$, 1； （8）$\dfrac{1}{3}$； （9）$\dfrac{17}{4}$.

3. （1）$\dfrac{3}{2} + 12\ln\dfrac{7}{6}$； （2）$\dfrac{7}{72}$； （3）$\dfrac{2}{5}$； （4）$\dfrac{3}{2}$； （5）$\dfrac{2}{3}$；

（6）$\dfrac{19}{3}$； （7）$\dfrac{1}{3}$； （8）$7 + 2\ln 2$； （9）$\dfrac{22}{3}$； （10）$\dfrac{\pi}{4} - \dfrac{1}{2}$.

4. （1）1； （2）2π； （3）$\dfrac{\pi}{4}$； （4）发散.

5. $\dfrac{32}{3}$.

6. $\dfrac{128}{7}\pi$, $\dfrac{64}{5}\pi$.

7. $g\rho\pi \times 9 \times \dfrac{25}{2} \approx 3461850(\mathrm{J})$.

8. $8.23 \times 10^5 \mathrm{N}$.

参 考 文 献

[1]同济大学数学系. 高等数学：上册[M]. 6版. 北京：高等教育出版社，2007.

[2]罗萍，郭明普. 高等数学：上册[M]. 北京：机械工业出版社，2008.

[3]马智杰. 高等数学达标教程[M]. 北京：中国电力出版社，2006.

[4]陶金瑞. 高等数学[M]. 北京：机械工业出版社，2007.

[5]王力加，田慧竹，王建刚. 高等数学应用基础[M]. 北京：中央广播电视大学出版社，2009.

[6]邓俊谦. 应用数学基础：上册[M]. 上海：华东师范大学出版社，2000.

[7]邓柔芳. 应用数学[M]. 北京：机械工业出版社，2007.

[8]侯风波. 经济数学[M]. 沈阳：辽宁大学出版社，2006.

[9]宋劲松. 经济数学基础[M]. 北京：科学出版社，2007.

[10]黎诣远. 经济数学基础[M]. 2版. 北京：高等教育出版社，2002.

Yingyong
Shuxue Jichu

地址：北京市百万庄大街22号
邮政编码：100037
电话服务
服务咨询热线：010-88379833
读者购书热线：010-88379649
网络服务
机工官网：www.cmpbook.com
机工官博：weibo.com/cmp1952
教育服务网：www.cmpedu.com
金书网：www.golden-book.com
封面无防伪标均为盗版

机工教育微信服务号

ISBN 978-7-111-60446-4
策划编辑◎王玉鑫 / 封面设计◎张静

ISBN 978-7-111-60446-4

定价：26.00元

国家中等职业教育改革发展示范学校建设项目成果教材

GUOJIA ZHONGDENG ZHIYE JIAOYU GAIGE FAZHAN SHIFAN XUEXIAO
JIANSHE XIANGMU CHENGGUO JIAOCAI

办公软件应用

BANGONG RUANJIAN YINGYONG

何瑜○主编

赠电子课件

机械工业出版社
CHINA MACHINE PRESS